Melanie von Orlow
Natürlich imkern in Großraumbeuten

Melanie von Orlow

DIE IMKER-PRAXIS

NATÜRLICH IMKERN in Großraumbeuten

4. Auflage
70 Farbfotos
16 Zeichnungen

Inhalt

25

Naturwabenbau
Querschnitt
Honig
Brut
Pollen
Ausflug-
richtung
Pollen
Brut
Honig

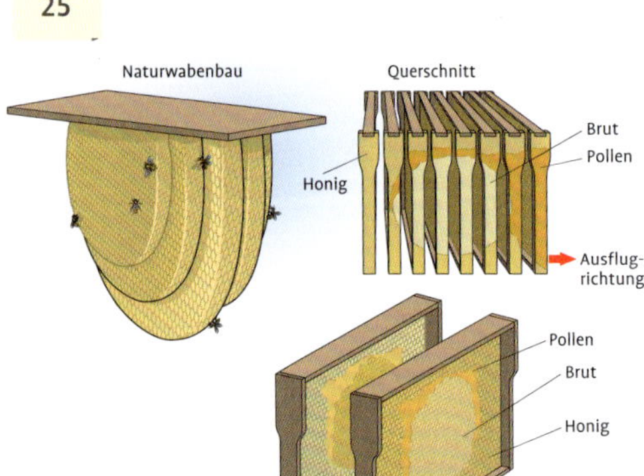

61

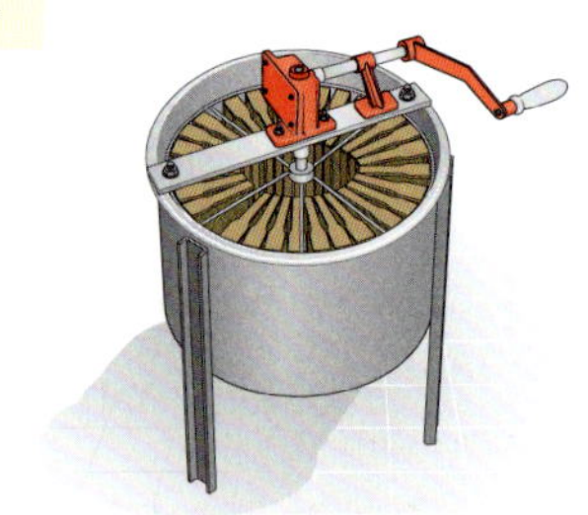

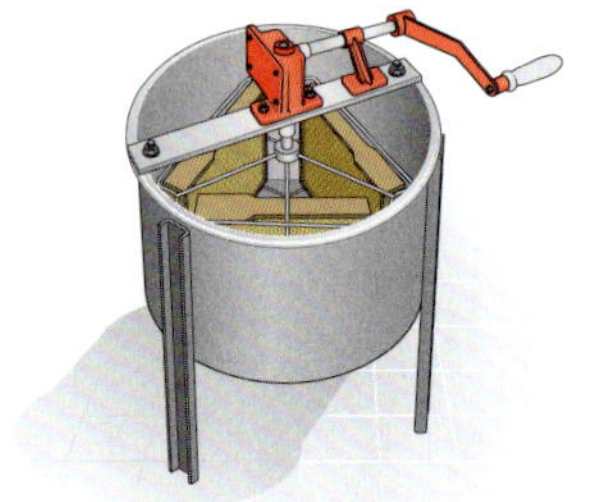

143

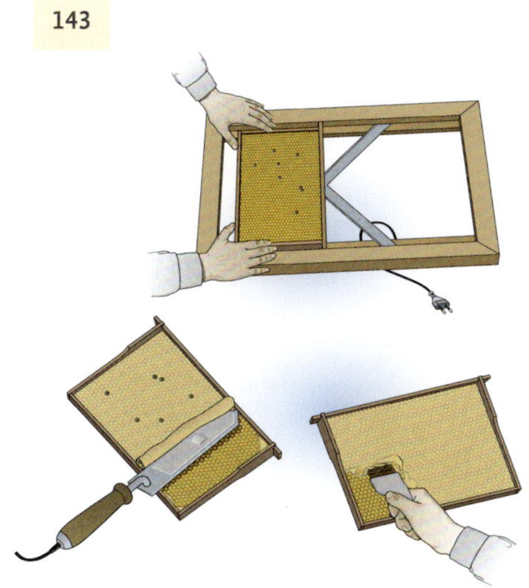

Von Bienen und Menschen

Dieses Buch widmet sich den Bienen und den von ihnen begeisterten Menschen. Wenn im Folgenden nur von „Bienen“ geschrieben wird, so ist damit ausschließlich die Westliche Honigbiene (*Apis mellifera*) gemeint, die in mehreren Rassen in Europa verbreitet ist. Ihre Produkte wie Honig, Wachs, Propolis, Pollen und Gelée Royal sind wichtige und geschätzte Bestandteile der menschlichen Ernährung und Medizin und haben Honigbienen schon vor über 7000 Jahren einen besonderen Stellenwert in der Menschheitsgeschichte verschafft.

Der Faszination eines Bienenvolkes kann sich auch heute niemand entziehen. Das rege Kommen und Gehen am Bienenstock zieht selbst die Kleinsten in ihren Bann und der Bienenschaukasten mit dem beliebten „Königinnen-Suchspiel“ gehört zu den Attraktionen eines jeden Naturlehrpfades. Dennoch gehört das drittwichtigste Haustier nicht zum üblichen Repertoire eines Zoofachgeschäftes und nur selten wird der Nachwuchs von sich aus einem Bienenvolk gegenüber dem eher üblichen Wellensittich, Kaninchen oder Hund den Vorzug geben.

Die meisten Imker werden nicht geboren, sondern gemacht – sei es von der Bienen-AG an der Schule, dem imkernden Großvater, der imkernden Mutter oder dem Imkerverein in der Nachbarschaft. Neben den hohen Startkosten für Schleuder, Bienenkästen und Ausstattung wird die Imkerei spätestens beim Blick in das erste Fachbuch ziemlich kompliziert. Eine neue Sprachwelt tut sich auf, in der von „Zargen“, „Beuten“ und „Weiseln“ die Rede ist, und alteingesessene Imker verwickeln einen häufig schon beim ersten Schnupper-Gespräch in komplizierte Themen oder wissenschaftliche Abhandlungen über den richtigen Umgang mit der Varroamilbe.

Dabei läuft der Einsteiger Gefahr, seine anfängliche Begeisterung und Faszination für „den Bien“ aus den Augen zu verlieren. Man wollte doch „nur Bienen halten“ und „vielleicht mal etwas Honig ernten“ und nicht gleich zum Handwerker, Erfinder, Veterinärmediziner oder Chemiker mutieren. So mancher wagt häufig aufgrund dieser techniklastigen Betrachtungsweise nicht den Schritt in die praktische Imkerei – leider sind davon oft Frauen betroffen, die immer noch nur um die 20 % der deutschen Imkerschaft stellen (Stand: 2019).

Vor diesem Hintergrund und den oft widersprüchlichen Aussagen und Ratschlägen der erfahrenen Imker ist es kein Wunder, dass Bücher mit einfach klingenden Titeln die ersten sind, in denen der angehende Imker blättert – auf der Suche nach einem einfachen, logischen und funktionierenden Rezept für die Imkerei, wenn man diese nicht gleich in die Wiege gelegt bekommen hat.

Gesucht: Bienenhaltung „wie früher“

In den letzten Jahren hat sich der Wunsch nach einer unkomplizierten und naturnahen Bienenhaltung besonders verbreitet. So wie in der „guten alten Zeit“, in der jeder Haushalt zumindest ein paar Hühner und Bienen hielt, beackert der moderne Städter Innenstadtbrachen und stellt Bienen auf den Balkon. In ökonomisch unsicheren Zeiten sucht man die Sicherheit eines Selbstversorgerdaseins und schätzt selbstgemachte Marmelade und von eigener Hand geschleuderten Honig auf den selbstgebackenen Brötchen.

Allerdings haben sich die Zeiten gewandelt. Die selbst gebackenen Brötchen bezahlt man mit der nächsten Strom- oder Gasrechnung anstatt mit Blasen vom Holzhacken. Über den krähenden Hahn oder die schwärmenden Bienen beschwert sich der Nachbar.

Während früher allenfalls ein paar marodierende Räuber oder Bären über die Bienenstöcke herfielen, machen sich heute abstraktere Gefahren breit. Da gibt es die winzige Varroamilbe, skandalumwitterte Pestizide sowie gentechnisch veränderte Organismen auf dem Feld anstatt simplem Mais. Während früher Pest und Cholera im Lande umherzogen und allenfalls die Reihen der Bienenhalter lichteten, sind es heute Pestilenzen wie die Amerikanische Faulbrut oder die mysteriöse „Colony Collapse Disorder“ (CCD), die als Ursache für das allgemein bekannte „Bienensterben“ in jeder Zeitung aufgeführt werden. Das „Einfach-nur-halten“ von Bienen wird plötzlich kompliziert und erscheint zum Scheitern verurteilt.

Gefunden: naturnah und zeitgemäß imkern

Dabei genießen die meisten Imker heutzutage den Luxus, einfach nur Freude an der Bienenhaltung zu haben, ohne sie zur existenziellen Absicherung zu benötigen, wie das in der „guten alten Zeit“ noch zwingend war. Kriterien wie der Honigertrag können für diesen Imker in den Hintergrund rücken – bei Aufstellung auf dem Balkon sind Eigenschaften wie Sanftmütigkeit einfach wichtiger.

Heutzutage kann der angehende Imker auch aus einem unvergleichlich größeren Wissensschatz schöpfen und hat Zugang zu zahlreichen Haltungsweisen und Philosophien. Er ist nicht mehr zwingend darauf angewiesen, Methoden und Bienenkästen eins zu eins von seinem Imkervorbild – sei es dem Großvater, dem Nachbarn oder dem Imkerverein – zu übernehmen.

Von dieser Freiheit sollte der Imkerneuling regen Gebrauch machen. Er sollte sich Für und Wider einer Betriebsweise darlegen lassen und möglichst vielen Imkern über die Schulter schauen. Es ist die Gelegenheit, sich auch abseits der ortsüblichen Imkerei zu bewegen und sich Alternativen anzuschauen. Gerade in den letzten Jahren wurden sehr viele dieser Alternativen wieder ausgegraben. Betriebsweisen und Bienenkästen, die vor Jahrzehnten oder Jahrhunderten entwickelt wurden, werden nun wieder als „besonders naturnah" beworben, obwohl sie teilweise für andere Bienenrassen und vor dem Hintergrund anderer, damals aktueller „Bienengefahren" entstanden sind. Manche Konzepte versprechen eine Einfachheit, die in dieser Form einfach nicht (mehr) möglich ist. Im Wust an Informationen einen goldenen Mittelweg zu finden, ist gerade für den Anfänger nicht einfach.

Gut zu wissen

In diesem Buch stelle ich Ihnen einen möglichen goldenen Mittelweg der Imkerei vor, der sowohl für Anfänger als auch für „Umsteiger", die mit ihrer momentanen Betriebsweise und Beute unzufrieden sind, gangbar ist.

Ich möchte Ihnen eine Bienenhaltung vorstellen, die Naturnähe und die Anforderungen für eine erfolgreiche und zeitgemäße Bienenhaltung kombiniert. Hierbei wird Erfolg nicht nur am jährlichen Honigertrag gemessen, sondern an gesunden und sich vermehrenden Bienen, die fit in den Winter gehen und ebenso auch wieder herauskommen.

Erfolgreich heißt auch, dass der Bienenhalter Freude an diesem Hobby hat und es auch neben Familie und Beruf ausüben kann, sofern er es nicht zu seinem Beruf machen möchte. Der Zeitaufwand für die Bienenhaltung soll kontrollierbar sein und nicht zulasten anderer Pflichten und Interessen ausufern. Hier sind Berufsimker Vorbild, die in der Regel über 150 Völker betreuen und dafür besonders zeiteffizient imkern müssen.

Erfolgreich ist eine Bienenhaltung auch dann, wenn sie bis ins hohe Alter möglich und auch für Jugendliche körperlich machbar ist. Dies ist bei manchen gängigen Betriebsweisen mit bis über 30 Kilogramm schweren Honigräumen nicht selbstverständlich.

Zudem schließt eine erfolgreiche Bienenhaltung die Gewinnung eines schmackhaften Honigs mit ein, der mit gutem Gewissen an Freunde, Familie und Nachbarn abgegeben werden oder den Bienen als Winterfutter belassen werden kann.

Was Sie in diesem Buch erwartet

Dieses Buch dient als Ergänzung klassischer Einstiegsimkerbücher und vermittelt die Grundlagen, die Sie für eine erfolgreiche Imkerei in Großraum-Magazinbeuten benötigen.

Die wichtigste Grundlage einer erfolgreichen Bienenhaltung ist neben Begeisterung und Lernwillen ein umfassendes Wissen über die

Bereit für das ganz große Imkern?

Prüfen Sie doch selbst nach, ob das Imkern in Großraum-Magazinbeuten etwas für Sie ist – wenn Sie folgende Aussagen überwiegend bejahen können, sollten Sie gleich weiterlesen.
Ich bin bereit für das Imkern in Großraum-Magazinbeuten, wenn ich

- ... eher Wert darauf lege, ohne schweres Bücken und Heben zu imkern, als durchweg im einheitlichen Rähmchenmaß in Brut- und Honigraum.
- ... eher darauf Wert lege, auch im Alter noch mit Freude zu imkern, anstatt unbedingt das Rähmchenmaß meiner Vereinskollegen zu nutzen.
- ... möchte, dass meine Bienen das natürliche, geschlossene Brutnest errichten können.
- ... die Störungen und Eingriffe am Volk bei den Durchsichten minimal halten möchte.
- ... jetzt oder später auch mal gerne mit der Buckfast-Biene imkern möchte.
- ... Interesse an der einfachen Gewinnung von Sorten- und Wabenhonig habe.

Biologie dieser Insekten – daher ist dieser Teil des Buches entsprechend ausführlich. Nach einer Einführung in die verschiedenen Typen der Bienenkästen und die notwendigen Geräte stelle ich Ihnen die wichtigsten Techniken für die Imkerei mit nur einem großen Brutraum vor.

Spezielle Aspekte wie die Honig- und Wachsweiterverarbeitung, Wald- und Heidehonig, Propolisgewinnung, Königinnenzucht und Details zu Krankheiten der Honigbienen werden nur behandelt, wenn es Unterschiede zur herkömmlichen Magazinimkerei gibt oder es für das Wohlergehen der Bienen wichtig ist, dass Sie darüber Bescheid wissen. Empfehlenswerte Fachliteratur sowie informative Weblinks und Adressen für die weitere Vertiefung finden Sie im Anhang dieses Buches.

Auch wenn im Folgenden in der Regel nur vom „Imker" oder „dem Bienenhalter" geschrieben wird, so richtet sich dieses Buch ausdrücklich auch an Mädchen und Frauen, denen ich Mut machen möchte, ihrer Faszination für den „Bien" nachzuspüren.

Biologie der Honigbienen: Was Bienen wollen

Honigbienen sind gesellige Wesen, sie schätzen die Nähe zueinander. Werden sie vereinzelt, beispielsweise wenn man sie von einer Wabe auf den Boden schüttelt, so laufen sie oft suchend umher, bis sie einander finden. In kürzester Zeit bilden sich dann kleine Gruppen, in denen sich die Bienen gegenseitig putzen und füttern, allmählich finden sich größere Ansammlungen zusammen. Findet die erste Biene dann den Eingang zum Stock, so bilden sich blitzschnell Ketten „sterzelnder" Bienen und gemeinsam stürmt man zurück in den sicheren Hafen. Typisch Biene – in Krisenzeiten rückt man dicht zusammen!

In erster Linie brauchen Bienen einander, während als Quartier es offenbar jede Kiste tut – so scheint es jedenfalls. Nichts ist also einfacher als Bienen zu halten – warum wird es dennoch so selten gemacht?

Das kleine 1 × 1 – die Bienenwesen des Bien

Ein Grund dafür mag sein, dass uns Honigbienen doch etwas fremder als Hund, Hase, Katze oder Pferd sind. Es sind Insekten, eine Tiergruppe, die man in der Regel in unserem Kulturkreis eher mit Begriffen wie „lästige Vorratsschädlinge" oder gar „Gesundheitsgefahr" assoziiert. Nur wenige Menschen sehen in ihnen „Nützlinge" oder gar einen Beitrag zu „Hobby und Entspannung".

Hätten Sie's gewusst?

Bienen bilden einen Superorganismus aus bis zu 50 000 Bienen, der im deutschsprachigen Raum unter der treffenden Bezeichnung „Bien" bekannt ist und der in mehreren Arten nahezu weltweit verbreitet ist.

Um diese „wirbellose" Tiergruppe (Invertebrata) zu verstehen, muss man sich ähnlich gut vorbereiten wie bei einem Erstkontakt mit Marsbewohnern – allerdings mit dem Vorteil, dass schon sehr viel über diese „Marsbewohner" bekannt und geschrieben worden ist. Vor dem ersten Bienenschwarm ist also Lesen angesagt – eine gründliche Vorbereitung erspart Ihnen und Ihren Bienen viele unangenehme „Lernen-durch-Erfahrung"-Erlebnisse.

Honigbienen sind so, wie wir sie heute kennen, vermutlich seit mindestens 25 Millionen Jahren auf unserem Planeten.

Fast menschlich

Der Bien weist viele Merkmale auf, die er mit den Säugetieren teilt:

- Die Vermehrungsrate eines Bienenvolkes ist sehr gering (ein bis zwei Schwärme pro Jahr).
- Die Ernährung der Larven erfolgt mit einer selbstproduzierten Nahrung, der „Schwesternmilch“ (Futtersaft der Ammenbienen).
- Die Brut entwickelt sich in einer schützenden, kontrollierten Umwelt, unabhängig von den Außenbedingungen.
- Die Kerntemperatur des Bien liegt bei rund 35°C (kontrollierte Nesttemperatur).
- Honigbienen lernen und können diese Erfahrungen miteinander teilen.

Honigbienen zu kennen heißt, sowohl das Einzeltier und seine Fähigkeiten als auch den Superorganismus und dessen Eigenschaften zu kennen. Betrachten wir daher zunächst die formgebenden Zellen des Bien – die sogenannten „Kasten“ oder „Bienenwesen“.

DIE ARBEITERIN – ALLE MACHT DEM VOLKE

Die Arbeiterinnen stellen die große Masse des Volkes. Bis zu 50 000 von ihnen drängeln sich im Volk und die schiere Masse der nahezu identischen Tiere lässt sie recht anonymisiert als dumpfe Frondienstleister erscheinen. Dieses Bild ist jedoch falsch. Im Körper des Superorganismus übernehmen einzelne Gruppen hoch spezialisierte Aufgaben.

Die Arbeiterinnen – die allesamt Weibchen sind – unterstehen auch keinem königlichen Diktat, sondern sind aktive Basisdemokraten, die über wesentliche Entscheidungen beratschlagen und bestimmen – sei es über Schwarmvorbereitungen, Nistplatzauswahl oder die Wahl der Königin, wenn mehrere Thronanwärterinnen zur Verfügung stehen.

Täglich schlüpfen bis zu 2000 Arbeiterinnen, die ihren Lebensweg als einzelnes Ei (vom Imker „Stift“ genannt) sorgfältig in einem eigenen Kinderzimmer – einer Wabenzelle – begannen. Drei Tage nach der Eiablage als Larven geschlüpft, wurden sie mit Gelée Royal ernährt. Das milchig weiße Sekret wird in den Kopfdrüsen der Ammenbienen, den Spezialisten für Babypflege, erzeugt. Diese müssen große Mengen an Pollen verzehren, um die protein-, fett- und zuckerreiche Schwesternmilch zu erzeugen. Ab dem vierten Lebenstag wird dieses besondere Futter für die Arbeiterinnenlarve zunehmend mit Pollen und Honig gestreckt. Im Alter von zehn Tagen streckt sich die Larve und beginnt sich zu verpuppen. Sie spinnt sich dazu einen Kokon aus einem selbst produzierten Faden, nachdem sie zuvor den im Darm angesammelten Kot auf den Zellgrund abgesetzt hat. Die Zelle mit der Puppe wird zusätzlich durch die Pflegebienen von außen mit einem Wachsdeckel verschlossen.

Nach etwa zehn weiteren Tagen ist aus der weichen weißen Larve eine Arbeiterin mit allem Drum und Dran geworden. Sie beißt sich den Weg ins Freie und beginnt umgehend, die Karriereleiter im Bienenvolk zu erklimmen.

Plastischer Bien

Für jeden Schritt in der Karriereleiter entwickelt die Arbeiterin besondere Fähigkeiten: Als Ammenbiene sind die Futtersaftdrüsen aktiv, die sich dann zurückbilden, während die Wachsdrüsen aktiv werden und die Biene Baubiene wird. Jedoch können selbst alte Arbeiterinnen diese Drüsen bei Bedarf wieder aktivieren, sodass selbst der Verlust ganzer Altersklassen (zum Beispiel durch Krankheiten oder imkerliche Eingriffe) kompensiert werden kann.

Die Arbeiterin beginnt zunächst als Putzkraft, kümmert sich dann als Ammenbiene um die nächste Generation, ehe sie als Honigmacherin beim Bearbeiten des eingetragenen Nektars mitarbeitet. Nachdem sie sich als Baubiene noch einmal richtig ins Zeug gelegt hat und zarte weiße Waben errichtet hat, beginnt sie als Wachbiene die Außenwelt zu erkunden.

Etwa 20 Tage nach dem Schlupf und der Karriere im Innendienst

Winterbienen

Arbeiterinnen, die im Spätsommer schlüpfen, haben weniger zu tun, da das Volk nun kleiner wird und Brutpflege- wie Sammelbedarf abnimmt. Diese Winterbienen arbeiten vornehmlich als Heizerbienen und wandeln die Wintervorräte in Wärme um. Erst im Januar/Februar, wenn die Königin wieder mit der Eiablage beginnt, werden sie ihre Karriereleiter mit der Pflege der nächsten Generation fortsetzen. Dieser offenbar weniger zehrende Karriereverlauf ermöglicht es ihnen, sich einen größeren Fettkörper zuzulegen und wesentlich älter als die Sommerbienen zu werden. Ein genetischer Unterschied oder eine unterschiedliche Fütterung konnte für diese unterschiedlichen „Bienentypen" bisher nicht verantwortlich gemacht werden.

wird sie den Rest ihres Lebens im Außendienst verbringen. Hier wird die Arbeiterin besonders gefordert mit dem Finden und Mitteilen von Trachtquellen oder sogar eines neuen Nistplatzes, wenn sie in der Schwarmzeit mit dem Schwarm auf Reisen gehen sollte. Mit etwas Glück kann sie bis zu 40 Tage alt werden; häufig überleben Sammlerinnen nicht mal die ersten 14 Tage nach ihrem Ausflug.

DER DROHN – IMMER AUF DER SUCHE

Drohnen sind die Männchen im Bienenvolk. Im Gegensatz zu den Arbeiterinnen, die bis auf die winterliche Brutlücke im Dezember/ Januar rund ums Jahr herangezogen werden, werden Drohnen in der Regel nur zwischen März und Juli aufgezogen.

Drohnen entwickeln sich aus unbefruchteten Eiern, die üblicherweise in speziellen Drohnenzellen mit größerem Durchmesser abgelegt werden. Sie haben die längste Entwicklungszeit und schlüpfen erst rund 24 Tage nach der Eiablage. Zwischen 8000 und 20 000 Drohnen zieht ein Bienenvolk jährlich heran und sogar beim Schwärmen nehmen sie einige mit auf Reisen.

Die großen, rundlichen Drohnen mit dem dichten Haarpelz und den großen Augen sind etwa 14 Tage nach dem Schlupf geschlechtsreif und man sieht sie dann am Flugloch rege kommen und gehen. Es sind sehr gewandte, schnelle Flieger mit einem hohen Summton, die an Drohnensammelplätzen nach Königinnen Ausschau halten.

Hat ein Drohn das Glück, eine jungfräuliche Königin im Flug zu begatten, so ist dies auch schon sein Ende. Durch die Paarung verhaken sich die Geschlechtsorgane und werden herausgerissen, sodass der Drohn den Liebestod stirbt.

Nur wenige Drohnen werden das Vergnügen haben, Begleiter auf einem der seltenen Hochzeitflüge einer Königin zu sein und so verbringen sie ihr etwa drei Monate währendes Leben mit häufigen Ausflügen und „Herumlungern“ im Volk. Im Spätsommer finden sie sich oft gesammelt auf den Wabenoberträgern oder in Beutenecken, weshalb manche Imker in den Drohnen nur „unnütze Fresser“ sehen.

Die Bienen sehen das freilich anders und nutzen rund 10 % des gesamten Zellbestandes für die Aufzucht von Drohnen. Inzwischen weiß man, dass auch die Herren ihren Beitrag in der Stockarbeit leisten und zwar vornehmlich beim Wärmen der Brut.

Doch bereits im Sommer beginnt die Stimmung zu kippen und das Bienenvolk fängt an, sich der Drohnen zu entledigen. Während dieser sogenannten „Drohnenschlacht“, die sich über Wochen ziehen kann, vertreiben die Arbeiterinnen die Drohnen aus dem Volk und zerren sie aktiv aus dem Nest. Wiederkehrenden Drohnen wird der Einlass verwehrt und so sterben die zuvor üppig gepäppelten Prinzen in der Regel einsam und vernachlässigt vor dem Stock.

Die Königin wird von ihrem Hofstaat gepflegt und versorgt.

DIE KÖNIGIN – QUEEN MOM

Die Bienenkönigin ist nur dem Namen nach eine Regentin. Queen Mom ist ein Arbeitstier wie alle Weibchen und wandert unermüdlich zur Eiablage über die Waben. Sie ist üblicherweise einzigartig im Volk und duldet in der Regel keine weitere Königin neben sich. Ihr Verlust kann fatal sein, sodass sie besonders im Winter oder im Schwarm sehr viel Aufmerksamkeit und Pflege erfährt.

Die Königin entstammt wie die Arbeiterinnen einem befruchteten Ei. Grundsätzlich kann sie aus jedem befruchteten Ei entstehen oder sogar noch aus einer Larve, sofern diese nicht älter als drei Tage ist. Ihre Entwicklung bedarf jedoch einer besonderen Zelle, die als „Weiselzelle" bezeichnet wird und ausreichend Platz bietet – muss eine Königin aus einer eigentlich zur Arbeiterin vorbestimmten Larve gemacht werden, so wird deren Zelle entsprechend umgestaltet.

In der Regel werden stets mehrere Weiselzellen gebaut und gepflegt, wobei dies zeitlich leicht versetzt stattfindet – so wird gewährleistet, dass es Ersatzköniginnen gibt, falls der Erstgeborenen etwas Unvorhergesehenes zustößt oder sie nicht den volkseigenen Qualitätskriterien genügt.

HÄTTEN SIE'S GEWUSST?

Eine Königin legt bis zu 2000 Eier täglich.

3-5-8 ...

„3-5-8-ist die Königin gemacht“ ist ein wichtiger Merksatz der Imkerei. Drei Tage als Ei, fünf Tage als Larve, acht Tage als Puppe und fertig ist die Königin. Wird die alte Königin also entnommen, so kann bereits nach 10 Tagen eine Kronprinzessin im Volk unterwegs sein, da selbst dreitägige Arbeiterinnenlarven noch in den Adelsstand erhoben werden können. Bei Bedarf bleiben die schlupfreifen Weiseln aber auch tagelang in ihren Zellen und werden durch ein kleines Loch gefüttert – so werden Stechereien mit der Erstgeborenen verhindert.

Jede Larve, die in einer solchen Weiselzelle liegt, erhält besonders viel Aufmerksamkeit durch die Ammenbienen. Sie erhält bis zu zehnmal mehr Gelée Royal als gleich alte Arbeiterinnen-Larven, wobei dieser auch einen wesentlich höheren Gehalt des Einfachzuckers Hexose enthält. Das erst 2011 entdeckte Royalactin ist ein besonderes Protein im Futtersaft, das die Entwicklungsdauer verkürzt und die Entwicklung der Geschlechtsorgane fördert. Dadurch entwickelte sich die Königin rasant und verpuppt sich bereits nach fünf Tagen, um nach acht weiteren Tagen zu schlüpfen.

Bereits der Schlupf einer Bienenkönigin ist ein Abenteuer für sich. Denn nun kommt es darauf an, was das Volk überhaupt mit der neuen Regentin plant.

Im Idealfall, wenn die alte Königin verstorben oder das Volk mit einem Schwarm verlassen hat und es daher eine Nachfolgerin braucht, darf sie einfach schlüpfen und sich von den Arbeiterinnen begutachten lassen. Wenn sie ihre Musterung übersteht, so wird sie

Königlicher Geleitschutz

Es gibt Hinweise darauf, dass die Königin beim Hochzeitsflug offenbar Geleitschutz von Arbeiterinnen aus ihrem Volk erhält. Es ist auffallend, dass man nur um diese Zeit im Jahr die sogenannten „Vorspiele“ an den Bienenvölkern beobachten kann, bei denen zahlreiche Bienen vor den Fluglöchern schwebend verharren. Diese „Vorspiele“ wurden bisher als sich orientierende Jungbienen bewertet, doch Untersuchungen zeigen, dass diese „Bienenwolke“ kaum aus Jungbienen besteht. Dazu passt, dass Königinnen, die aus normalen, starken Völkern ausfliegen, bessere Rückkehrchancen haben als Königinnen, die aus kleinen, sogenannten „Begattungsvölkchen“ ausfliegen – womöglich fällt dort dieser Begleitschutz zu klein aus.

Königinnen-Suchbild: Die gezeichnete Stockmutter lebt einige Zeit friedlich mit ihrer noch ungezeichneten Nachfolgerin zusammen. Finden Sie sie?

nach sieben bis zehn Tagen zum Hochzeitsflug aufbrechen. Bei einem oder mehreren Hochzeitsflügen verpaart sie sich mit bis zu 30 Drohnen, von denen sie um die 600 000 Samenzellen empfängt und diese in einem speziellen Organ, der Spermatothek, einlagert.

Nach der Rückkehr ins Volk wird sie geputzt und beginnt nach kurzer Zeit mit der Eiablage. Junge Königinnen machen dabei oft noch Fehler und legen beispielsweise mehrere Eier in eine einzige Zelle – solche Anfängerfehler werden von den Arbeiterinnen stillschweigend durch Entfernen der Überzähligen korrigiert und geben sich meist nach einigen Tagen ganz von alleine.

Weniger Toleranz zeigen sie jedoch, wenn die Königin im fortgeschrittenen Alter solche Fehler macht und etwa unbefruchtete Eier in Arbeiterinnenzellen legt – solche Königinnen werden in der Regel durch die „stille Umweiselung" zügig ausgetauscht. Doch bis dahin

Stille Umweiselung

Eine Bienenkönigin kann bis zu fünf Jahre alt werden. Wenn ihre Legeleistung nachlässt oder sich andere Alterskennzeichen einstellen, so werden oft nur einige wenige, zeitlich stark versetzte Weiselzellen angelegt, wobei die Erstgeborene als Nachfolgerin vorgesehen ist. Bei dieser „stillen Umweiselung" lebt die alte Königin oft eine Zeit lang einträchtig neben der Nachfolgerin einher, bis das Volk sicher ist, dass diese ein akzeptabler Ersatz ist. Dann erst „verschwindet" die alte Königin.

wird die Königin noch einige Jahre haben und ihr Volk bei ihren weiteren Ausflügen immer mitnehmen – nämlich wenn sie als Schwarmkönigin einer Nachfolgerin Platz macht.

Hurra, es ist ein Mädchen – zum Schwärmen!

Während die stille Umweiselung bis in den Herbst stattfinden kann (wobei das Risiko einer unzureichenden Begattung steigt, da die Drohnenzahl in den Völkern sinkt), hat die Anzucht von Schwarmköniginnen Teilung und damit Vermehrung des Volkes zum Ziel.

Die Vorbereitungen zum Schwärmen beginnen bereits sehr früh und in der Regel vom Imker unbemerkt. Mit der Wiederaufnahme der Eiablage ab circa Januar/Februar beginnt der Wettlauf mit der Zeit.

Entwicklungszeiten der Bienenwesen (orangener Strich = Verdeckelung)

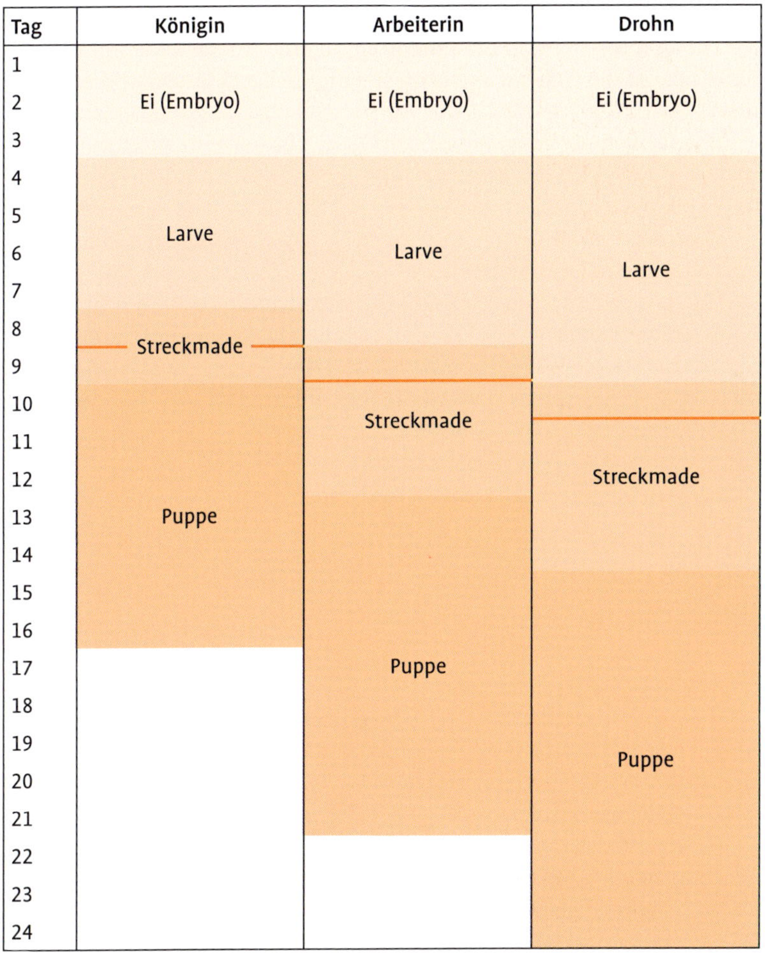

<table>
<tr><th>Tag</th><th>Königin</th><th>Arbeiterin</th><th>Drohn</th></tr>
<tr><td>1</td><td rowspan="3">Ei (Embryo)</td><td rowspan="3">Ei (Embryo)</td><td rowspan="3">Ei (Embryo)</td></tr>
<tr><td>2</td></tr>
<tr><td>3</td></tr>
<tr><td>4</td><td rowspan="4">Larve</td><td rowspan="5">Larve</td><td rowspan="6">Larve</td></tr>
<tr><td>5</td></tr>
<tr><td>6</td></tr>
<tr><td>7</td></tr>
<tr><td>8</td><td rowspan="2">Streckmade</td></tr>
<tr><td>9</td><td rowspan="4">Streckmade</td></tr>
<tr><td>10</td><td rowspan="7">Puppe</td><td rowspan="5">Streckmade</td></tr>
<tr><td>11</td></tr>
<tr><td>12</td></tr>
<tr><td>13</td><td rowspan="9">Puppe</td></tr>
<tr><td>14</td></tr>
<tr><td>15</td><td rowspan="10">Puppe</td></tr>
<tr><td>16</td></tr>
<tr><td>17</td><td></td></tr>
<tr><td>18</td><td></td></tr>
<tr><td>19</td><td></td></tr>
<tr><td>20</td><td></td></tr>
<tr><td>21</td><td></td></tr>
<tr><td>22</td><td></td><td></td></tr>
<tr><td>23</td><td></td><td></td></tr>
<tr><td>24</td><td></td><td></td></tr>
</table>

Das Volk wächst rapide und verzehrt die letzten Wintervorräte. Auch auf das Risiko hin, dass ein später oder kühler Frühling das Auffüllen der strapazierten Honigtöpfe verzögert, wird es das Volk darauf anlegen, so schnell wie möglich die winterlichen Verluste auszugleichen. So steht das Heer von Arbeiterinnen abrufbereit, wenn sich die überbordenden Vorratstöpfe der Natur wieder öffnen – dann können große Mengen an Nektar und Pollen eingetragen werden. Da Drohnen vom Ei bis zur Geschlechtsreife rund 40 Tage brauchen, beginnt das Volk oft schon Ende März mit ihrer Anzucht.

Über dem wachsenden Brutnest entsteht während der Obstblüte ein breiter Honigkranz. Diese sich schließende Honigkappe und die wegen zunehmender Platznot schlechtere Abnahme des eingetragenen Nektars durch die Stockbienen verstärkt die Schwarmfreude des Volkes. Nun werden auch sogenannte Spielnäpfchen angelegt, geputzt und bearbeitet. Diese seitlich vorstehenden, runden Zellen sind die Anfänge von Weiselzellen und finden sich häufig an Wabenkanten. In dem Moment, in dem die Königin eine solche Zelle mit einem Ei belegt, ist der Schwarmauszug so gut wie beschlossen und terminiert.

Sobald sich die erste Weiselzelle dem Verdeckelungszeitpunkt nähert, macht sich der Schwarm abflugbereit. Die Königin schränkt ihre Eiablage ein, sodass sie wieder voll flugfähig wird. Die Bienen werden nun auffällig träge und lagern in dicken Schichten auf den Waben und Beuteninnenwänden. Auf ein Aufbruchsignal hin stürzen sie sich auf die Honigzellen und schlagen sich die Bäuche voll, ehe sie dann aus dem Flugloch quellen und abfliegen (rund ein Drittel des Schwarmgewichtes besteht aus Honig!). Die Königin wird von der allgemeinen Aufbruchstimmung regelrecht mitgerissen, während am alten Standort etwa 30 bis 50 % der Bienen und große Mengen an Brut, Vorräten und einigen Weiselzellen verbleiben.

Etwa acht Tage nach dem Schwarmauszug wird die erste Thron-

Schwarmbezeichnungen

Imker nennen den ersten, meist größten Schwarm mit der alten Königin „Vorschwarm“. Die manchmal noch auftretenden weiteren Schwärme mit den unverpaarten Königinnen sind kleiner und werden „Nachschwärme“ genannt. Geht die alte Königin vorzeitig verloren, bevor sie mit dem ersten Schwarm abfliegen kann, oder kann sie nicht mehr fliegen (beispielsweise infolge eines imkerseitig beschnittenen Flügels), so schwärmt das Volk etwas verzögert mit der Erstgeborenen. Solche großen Schwärme mit unbegatteter Königin werden „Singerschwärme“ genannt.

erbin aus ihrer Weiselzelle schlüpfen. Schlüpft sie zeitgleich mit einer anderen und trifft dabei auf diese königliche Schwester, kommt es zum Kampf auf Leben und Tod – eine gefährlichen Situation und für das Volk womöglich fatal.

Seitlich ausgefressene Weiselzellen zeigen: Hier ist bereits eine Thronfolgerin vorhanden.

Daher sind alle daran interessiert, die Wahrscheinlichkeit solcher Begegnungen gering zu halten. Ist eine Königin geschlüpft, so teilt sie ihre Anwesenheit deutlich mit. Hektisch läuft sie über die Waben, presst immer wieder ihren Körper dicht an die Wabe und gibt einen hochfrequenten Summton von sich. Dieses „Tüten" lässt sich auch außerhalb des Bienenvolkes deutlich hören.

Dies veranlasst ihre noch nicht geschlüpften, aber schlupfreifen Schwesterköniginnen, in den Zellen zu bleiben und mit einem dumpfen Summton, der als „Quaken" bezeichnet wird, zu antworten. Dadurch wird die Erstgeborene informiert, dass es weitere Thronanwärterinnen gibt und sie setzt ihr Tüten fort. Solange sie tütet, wird keine ihrer Schwestern schlüpfen. Allenfalls ihren Rüssel stecken sie aus einem in die Kokonhülle gebissenen Loch, damit sie von den Arbeiterinnen gefüttert werden können.

Wenn das Volk stark genug ist, wird es bei günstigem Wetter einen weiteren Schwarm mit der Erstgeborenen geben. Sind die Schwarmkapazitäten erschöpft, gestatten die Arbeiterinnen der nächsten jungen Königin, sofern sie die volkseigene Qualitätskontrolle bestanden hat, ihre schlupfreifen Schwestern mit ihrem Stachel noch in den Weiselzellen zu töten. Die Arbeiterinnen beißen die Zellen seitlich auf, räumen sie aus und tragen sie innerhalb weniger Tage ab. Noch offene Weiselzellen mit Larven werden von den Arbeiterinnen ebenso schnell zurückgebaut.

Der Bienenschwarm auf Wanderschaft – eine summende, aber harmlose „Wolke".

GESUCHT: GERÄUMIGE EINRAUMWOHNUNG FÜR BIS ZU 50000 VERWANDTE

Derweil ist der Schwarm auf Wohnungssuche. Bienen schätzen warme und trockene Standorte in luftiger Höhe und kleinem Flugloch als Schutz vor räuberischen Wirbeltieren. Besonders wählerisch sind sie dabei nicht – ungedämmte Dachkästen, ein Platz hinter der Klinkerfassade oder Schornsteine werden gerne bezogen.

Dabei sind sie auf den Ersteindruck von „Spürbienen" angewiesen, erfahrene Sammlerinnen, die mögliche Plätze prüfen und dafür auf der Schwarmtraube tanzend werben. Mit dem Tanz werden Weginformationen übermittelt, sodass sich auch andere Spürbienen ein Bild des Quartiers machen können. So entscheidet sich der Schwarm oft innerhalb weniger Stunden für einen der Standorte und hebt ab.

Beim Einzug werden kleinere Löcher und Spalten mit Propolis, von den Bienen gesammelten Pflanzenharzen, verschlossen und eventuelle Untermieter wie Spinnen und Ohrenkneifer vor die Tür gesetzt. Währenddessen beginnen die Baubienen mit der Errichtung des Wabenbaus aus selbst produziertem Wachs.

Wundersames Wachs

Der Wabenbau der Honigbiene ist mehr als nur eine Ansammlung von Brutzellen. Zunächst ist es eine beachtliche Leistung und ein enormes Investment. Ein Bienenschwarm muss die Energieleistung von rund 7,5 kg Honig einsetzen, um 1,2 kg Wachs zu produzieren. Daraus können rund 100 000 Zellen errichtet werden.

Die Baubienen produzieren das Wachs in acht Drüsenfeldern auf der Bauchseite des Hinterleibes und verarbeiten die „ausgeschwitzten" Wachsschüppchen mit den Mundwerkzeugen. Dabei werden Enzyme und Propolis mit verarbeitet, wodurch die Bienen die Materialeigenschaften ihrer Wabe beeinflussen.

Der natürliche Wabenbau wird von Imkern „Stabilbau" genannt, da er – einmal errichtet – allenfalls erweitert, aber nicht mehr grundlegend verändert wird, und die Waben nicht verschoben oder ausgetauscht werden können.

Ausgehend von einer Mittelwabe werden die angrenzenden Waben parallel in einem engen Abstand von etwa 35 mm errichtet, sodass die fertig ausgebauten Waben etwa 8 mm weit auseinander liegen – gerade genug, damit zwei Bienen einander Rücken an Rücken passieren können. Dieser 1851 von seinem Entdecker Lorenzo L. Langstroth „Bee Space" genannte Abstand wird von den Bienen recht genau eingehalten und ein Verbau mit Wachsbrücken findet dann nicht mehr statt.

Die Wachszellen selbst werden nach Untersuchungen von Würzburger Forschern zunächst als Zylinder mit halbkugelförmigem Boden errichtet. Die Baubienen erwärmen dann den Wabenbau, wodurch sich die Kontaktflächen zu den Nachbarzellen abflachen und die typisch sechseckige Form entsteht.

Die dünne Wandstärke von nur 0,07 mm ermöglicht ein großes Volumen bei geringem Materialeinsatz – 100 g Wachs reichen daher für rund 8000 Zellen.

DER WABENBAU DES BIENENVOLKS DIENT ALS

- Kinderzimmer,
- Produktions- und Lagerraum für Honig,
- Pollenlager,
- Informationsdatenbank,
- „Bienen-Internet",
- Schlafzimmer und
- Immunsystem.

Propolis wird von den Bienen in Ritzen und Spalten abgelagert (hier als braune Masse auf dem Seitenteil des Rähmchens).

WABENWERK ALS DANCEFLOOR MIT COMB-WIDE-WEB

Auf den Steg jeder Zellwand wird zum Abschluss ein Wulst aus Wachs und Propolis aufgelagert. Dieser für das menschliche Auge kaum erkennbare Wulst – vom Bienenforscher Prof. Jürgen Tautz treffend als „Comb-Wide-Web“ (comb, engl. „Waben-weites Netz“) bezeichnet – bildet praktisch ein parallel zur Wabenoberfläche schwingungsfähiges Netz, das für die Kommunikation im Bienenvolk extrem wichtig ist.

Experimentell konnte dies am Tanzboden, dem „Dancefloor“, im Bienenvolk gezeigt werden. Die zurückkehrenden Sammlerbienen suchen gezielt diese Tanzböden auf: nur etwa 10 × 10 cm messende Wabenflächen, die offenbar durch eine chemische Markierung klar gekennzeichnet sind. Dort rekrutieren sie andere Arbeiterinnen und informieren sie über die Lage eines Zielgebietes und den Geruch gefundener Blütentrachten.

Dies erfolgt über Schwänzeltänze, bei denen die Bienen in bestimmten Frequenzen vibrieren. Diese Tanzbewegungen breiten sich über das Comb-Wide-Web aus und locken selbst im stockdunklen Nistraum zielstrebig Publikum zu den Tänzerinnen. Dabei dämpft der Andrang der Umstehenden gleichzeitig die weitere Ausbreitung der Schwingungen und stoppt so die weitere Rekrutierung von Schaulustigen.

HÄTTEN SIE'S GEWUSST?

Schwänzeltänze informieren über Richtung, Entfernung und Geruch gefundener Futterquellen.

Dieser Dancefloor ist stets auf Waben, die keine oder nur wenige verdeckelte Brut- oder Honigzellen aufweisen, denn nur dann bleibt diese Schwingungsfähigkeit erhalten. Zudem funktioniert das Comb-Wide-Web am besten bei Temperaturen nahe 34 °C, sodass der Tanzboden mit dem morgendlichen Beginn der Sammeltätigkeit gezielt aufgeheizt werden muss. Dazu werden sogenannte Heizbienen in Dienst gestellt, die mit dem Kopf voran in leere Zellen kriechen und dort mit ihrer Flugmuskulatur Wärme erzeugen.

Imker, die ihre Bienen klassisch mit Rähmchen, Mittelwand und Drahtung versorgen, können die Tanzwaben recht sicher an Löchern zwischen Wabenbau und Rähmchenholz erkennen. Da eine rundum mit Holz eingefasste Wabe nicht so gut schwingen kann, bauen die Bienen aktiv Lücken und Löcher ein, damit das Comb-Wide-Web funktioniert.

PRODUKTION, LAGER UND KINDERZIMMER IN EINEM

Wenn Bienen gänzlich frei von imkerlichen Vorgaben durch vorgeprägte Mittelwände bauen dürfen, dann bauen sie nicht so regelmäßig, wie es den Anschein hat. Ein Schwarm wird nach seinem Einzug so schnell wie möglich Waben mit vor allem nur einem Zellenformat bauen, nämlich Arbeiterinnenzellen mit einem Durchmesser von 4,7 bis 5,5 mm, damit die Königin schnellstmöglich mit der Eiablage beginnen kann.

Der bunte Pollen zeigt die vielfältige Herkunft der wichtigen Eiweiße.

Wenn die Bienen frei und ohne Mittelwandvorgabe bauen, gibt es im zentralen Teil häufig einen eher kleinzelligen Bereich, der im Außenbereich von größeren Zellen umkränzt ist. Da in kleinzelligen Bereichen mehr Brutzellen pro Wabe untergebracht werden können, kann das Volk dort bei kleiner Volksstärke mehr Zellen belagern und mehr Arbeiterinnen heranziehen – diese Wabenbereiche sind daher im Frühjahr hilfreich beim raschen Volksaufbau. Eine angeblich schlechtere Entwicklung der Varroamilbe in diesen kleineren Zellen konnte wissenschaftlich bisher übrigens nicht belegt werden.

Sind ausreichend Arbeiterinnenzellen errichtet, wird der angrenzende Raum oft mit Waben im Großzellenformat bebaut. Diese großvolumigen Zellen mit einem Durchmesser von rund 6,9 mm werden sowohl für die Aufzucht der Drohnen als auch die rasche Einlagerung von Nektar bei guter Trachtlage verwendet. Solche Großzellen werden auch gerne unten an Arbeiterinnenwaben angebaut.

Bienen bauen bei Bedarf sogar um, zum Beispiel, wenn die Königin verloren geht und sehr schnell eine Ersatzkönigin herangezogen werden soll. Dann werden Arbeiterinnenzellen mit bis zu drei Tage alten Larven zu Weiselzellen umgebaut (sogenannte Nachschaffungszellen).

Die Königin legt ihre Eier gerne in Zellen, in deren Nähe andere Brutzellen liegen. Auf diese Weise entsteht eine kreisförmige oder ovale Brutfläche auf der Wabe. Die Königin setzt ihre Legetätigkeit auf den angrenzenden Waben fort, sodass im Querschnitt eine in Wabenscheiben geschnittene Brutkugel entsteht. Diese Form erleichtert den Bienen die Klimatisierung, denn besonders die Puppen benötigen eine konstante Stockwärme von 33 bis 36 °C.

HÄTTEN SIE'S GEWUSST?

Bienenbrot ist speziell konservierter Blütenpollen, mit dem im Frühjahr noch vor der ersten Blüte die ersten Bienen-Generationen aufgezogen werden.

In die dem Brutnest angrenzenden Zellen wird Pollen als „Kinderkost" eingelagert. Dieses „Bienenbrot" wird unter Zugabe von Bienenspeichel und eines Propolisdeckels haltbar gemacht und kann sogar einen nasskalten Winter unbeschadet von Schimmelpilzen überstehen, um dann noch vor der ersten Blüte bei der Aufzucht der nächsten Bienengeneration verfügbar zu sein.

Über dem Brutnest wird ein breiter „Futterkranz" aus offenen und verdeckelten Honigzellen angelegt. Für die Honigproduktion muss der eingetragene Nektar mehrfach umgelagert und dabei durch die Enzyme im Magen der Bienen allmählich verändert werden. Durch die fluglochferne Lagerung über dem Brutnest landet der Honig automatisch an einer recht warmen Stelle, wo er durch das aktive Verdunsten von Wasser durch Fächeln der Bienen mit den Flügeln weiter konzentriert und zähflüssig wird. Eine abschließend durch die Arbeiterinnen angebaute Wachskappe schützt den schmackhaften Wintervorrat.

Die im Wesentlichen geschlossene Brutfläche wird von einzelnen leeren Zellen unterbrochen, die den Arbeitsplatz der Heizbienen darstellen. Manche dieser Leerzellen werden auch mit Nektar gefüllt, aus denen sich die Heizbienen bedienen können, ohne weite Wege zurücklegen zu müssen.

Es gibt Hinweise, dass die Entwicklungstemperatur der Puppen auf ihre spätere Bienenkarriere Einfluss hat. Je höher diese Temperatur war, desto lernfähiger sind die Bienen. Solche Bienen werden sich später als Sammlerinnen besonders gut Trachtquellen merken können und diese Information mittels komplexer Bienentänze mit ihren Geschwistern teilen.

Auch die Winterbienen, die bis zu 12 Monate alt werden können, werden bei höheren Temperaturen erbrütet. Auf diese Weise steuern Bienen offenbar die zukünftige Gesamtentwicklung ihres Volkes, indem bereits lange vor dem Schwarmakt oder dem Winter die dazu erforderlichen „Bienenqualitäten" erbrütet werden.

WINTERLAGER WABE

Im Winter kommt das rege Treiben im Bienenvolk zum Erliegen. Nun ist Kuscheln angesagt. Je niedriger die Außentemperatur, desto enger ziehen sich die Bienen auf dem Wabenwerk zusammen. Sie bilden eine im Querschnitt kugelförmige Wintertraube, die sich zu Beginn

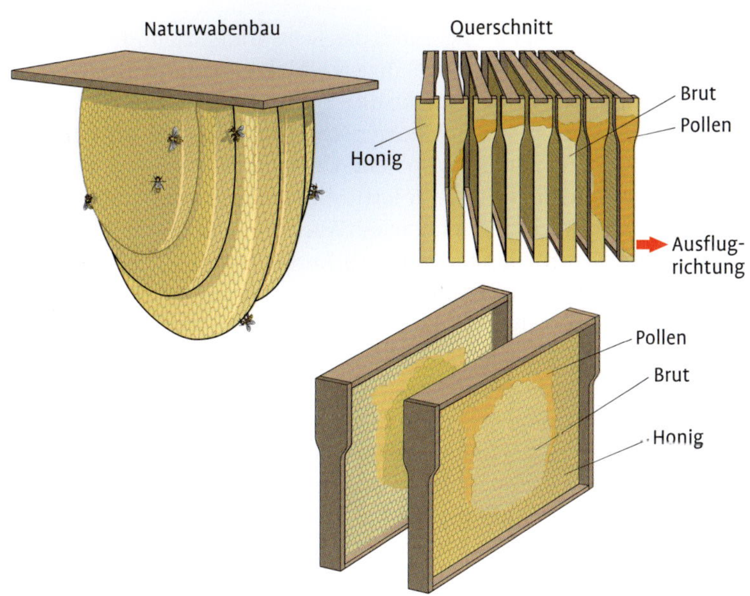

Darstellung der natürlichen Wabenanordnung und der Verteilung von Brut, Pollen und Honig im Wabenbau der Honigbiene.

um die noch auslaufende Brut bildet. Dabei wird die Königin mittig eingeschlossen. Nun werden alle Bienen zu Heizbienen. Mit ihrer Flugmuskulatur, befeuert mit dem stetigen Verzehr von Wintervorräten, halten sie die Temperatur im Inneren der Wintertraube auf angenehme 20 °C.

Das Wabenwerk behindert diese Beheizung der Wintertraube nicht, im Gegenteil. Es wärmt sich nur an der Stelle auf, an der die Wintertraube sitzt und die bereits geleerten Zellen minimieren den seitlichen Wärmeverlust über die Wabe. Der womöglich kristallisierte Honigvorrat wärmt sich dahingegen im Bereich der Wintertraube auf und wird flüssig und verzehrbereit.

Kühlen die Bienen im Außenbereich zu stark ab, drängen sie sich ins Innere der Wintertraube, um sich wieder aufzuwärmen, während warme Bienen aus dem Innenbereich deren Platz einnehmen. Die Wintertraube verlagert sich nur wenig innerhalb des Stocks und wird dabei allmählich kleiner, denn immer wieder verlieren einzelne Bienen den Anschluss an die wärmende Traube und gehen zugrunde.

Bei milderen Tagestemperaturen lockert sich die Wintertraube, um Futter aus den fernen Randbereichen zum Bienensitz umzutragen. So leeren sich allmählich die Vorratslager. Bis zum Ende des Winters werden sich einige Handvoll toter Bienen auf dem Stockboden angesammelt haben. Mit Aufnahme der Reinigungsflüge, die ab einer Außentemperatur von etwa 10 °C und direkter Sonne zu erwarten sind, werden die Toten aus dem Stock getragen.

GUT ZU WISSEN

Für die erfolgreiche Überwinterung braucht ein Volk mindestens 5000 Arbeiterinnen. Das entspricht in etwa fünf ganzflächig dicht belagerten Wabenseiten im Maß Deutsch Normal.

IMMUNSYSTEM WABE

Im Zuge der Volksvermehrung durch das Schwärmen zieht die alte Königin alljährlich um, wobei ihre Nachfolgerin den Wabenbau samt der Vorräte erbt. Während die alte Königin das große Risiko eingeht, dass kein oder nur ein schlechter Nistplatz gefunden wird, hat die neue Königin das Altlastenproblem. Denn das Wabenwerk der Biene wirkt wie ein Schwamm für fettlösliche Umweltgifte und Pestizide, die die Bienen auf ihren täglichen Ausflügen mit einsammeln.

Diese Anreicherung lässt sich eindrucksvoll an den Wachsuntersuchungen von Dr. Wallner von der Landesanstalt für Bienenkunde der Uni Hohenheim zeigen, die viele längst aus dem Verkehr gezogene Substanzen noch über Jahrzehnte nachweisen. Da viele Umweltgifte fettlöslich sind, wandern so auch eventuell mit dem Nektar mitgebrachte Verunreinigungen in den Wabenbau – mit ein Grund, weshalb Honig selbst bei Erzeugung an stark umweltbelasteten Standorten wie Flughäfen in der Regel rückstandsfrei ist.

Viele Krankheitserreger wie die Bakteriensporen der Amerikanischen Faulbrut lassen sich ebenfalls im Wachs finden. Die Bienen sperren solche Gefahrenquellen ein, indem sie eine dünne Tapete aus Propolis aufbringen, die antibakteriell und fungizid wirkt.

Das Schwärmen kann also auch als Entgiftungsprozess verstanden werden, bei dem sich das Volk der angesammelten Fremdstoffe und Krankheitserreger entledigt. Abgestorbene Völker hinterlassen den belasteten Wabenbau dann zum letztendlichen „Downcycling“ durch die Wachsmotte, deren Larven bebrütete Waben kurz und klein nagen.

Gut zu wissen

Da die Zellen mehrmals verwendet werden, wird das ehemals weiße Wachs nach und nach unansehnlich braun und speckig. Der Zelldurchmesser wird durch die Auflagerungen und Larvenhäute geringer und in den schwarzen Waben wird es immer schwerer, die verschiedenen Brutstadien zu erkennen.

Bienenhaltung in Magazinen: Was Imker wollen

Angesichts der bescheidenen Nistplatzansprüche und der vielen, opulent mit Fenstern, Lüftungsgittern, Rähmchen und Schienen ausgestatteten Bienenbehausungen des Imkers hat man das Gefühl, dass dieser „Luxus" eher den Wünschen des Imkers als denen der Bienen entspringt. Doch wird daran nur deutlich, dass es eben einen feinen Unterschied zwischen Bienenhalter und Imker gibt.

Vom Bienenhalter zum Imker

Bienen machen fast alles selber. Man muss sie nicht täglich füttern, mit ihnen Gassi gehen oder sie impfen lassen. Macht der Bienenhalter rein gar nichts, außer ihnen beim täglichen Ausflug zuzuschauen, kann er mit etwas Glück einige Jahre daran Freude haben.

Er kann sich auch über eine reiche Obsternte freuen, die ihm diese fleißigen Bestäuber ermöglichen und muss dafür eigentlich weder etwas tun, noch – außer einem geeigneten Hohlraum – etwas Besonderes bieten.

Doch stehen die Chancen, dass solche gänzlich „ungepflegten" Völker plötzlich eingehen, nicht schlecht – die Ursachen dafür sind im Nachhinein nicht immer leicht zu erkennen. Hat der Bienenhalter Zugang zum Nistort, so findet er dort oft nur leere, dunkle Waben vor, auf denen Wachsmottenlarven zugange sind, während sich darunter die toten Bienen häufen. Oft sind solche Nistorte auch komplett verwaist, ohne dass man einen Auszug der Bienen bemerkt hat.

Solche Bilder sind durchaus „natürlich" und „normal" – auch Bienenvölker müssen einmal sterben, damit die Wachsmotten „aufräumen" und die Waben entsorgen können.

Der Blick in die Reste eines zusammengebrochenen Bienenvolkes macht jedoch traurig. Selbst der hartgesottenste Bienenhalter wird sich fragen, warum das passiert ist und ob er nicht etwas hätte tun können. Spätestens an diesem Punkt muss sich der Bienenhalter ent-

Gut zu wissen

Interessanterweise sind schon einmal gebrauchte Nistplätze offenbar über längere Zeit attraktiv chemisch markiert, sodass sie immer wieder von Schwärmen bezogen werden – ein Grund, warum in der Deutschen Bienenseuchenverordnung ausdrücklich festgehalten ist, dass ungenutzte Bienenbehausungen nicht unverschlossen aufgestellt werden sollen.

scheiden, ob er weiterhin nur reiner Bienenhalter bleiben oder tiefer einsteigen will.

Wer nicht mehr „der Natur freien Lauf lassen" will, sondern aktiv dazu beitragen möchte, dass seine Bienen dauerhaft gesund und vital bleiben, macht den nächsten Schritt zum Imkersein. Ab jetzt ist das Bienenvolk kein Wildtier mehr, sondern ein Haustier, für das er als Imker Verantwortung übernimmt. Er steht in der Pflicht, sich nun aus- und weiterzubilden und dieses Wissen zum Schutze und Wohlergehen der Bienen einzusetzen.

Von da aus ist es nur ein kleiner Schritt, bis auch das Gewinnen von Bienenprodukten wie Honig, Wachs und Propolis zur bloßen Pflege der Bienenvölker hinzukommt. Dennoch bleibt es jedem Imker selbst überlassen, wie intensiv er diese Nutzung betreiben möchte.

INFO

1851 durch Lorenzo Lorrain Langstroth in den USA und 1853 durch Johannes Dzierzon und August Freiherr von Berlepsch in Europa vorgestellt, revolutionierte die Technik der Rähmchen die Bienenhaltung.

Imker wollen gucken

Imker wollen aus Bienensicht zwei zunächst unvereinbare Dinge: glückliche Bienen und – sei es zum Verständnis, aus Neugierde oder Interesse – in die Nester ihrer Schützlinge hineinschauen. So ist der Zugang zum Wabenbau der Bienen eines der ältesten und drängendsten Probleme der Imkerei, für das bereits im vorletzten Jahrhundert mit der Entwicklung des Rähmchens eine gangbare Lösung gefunden wurde.

Anstatt des natürlichen Stabilbaus wurden die Bienen auf Mobilbau umgestellt. Mobilbau bedeutet, dass die Bienenwaben als Ganzes entnehmbar sind. Dazu werden den Bienen Rahmen aus Holz angeboten, in die sie ihre Waben errichten, sofern ihnen über Wachsmittelwände eine Baulinie vorgegeben wird.

Versteifungen aus Draht und die seitliche Umfassung durch Rähmchenhölzer machen die fragilen Waben so stabil, sodass sie sogar in der bereits 1856 erfundenen Honigschleuder vom enthaltenen Honig getrennt und danach intakt dem Volk zurückgegeben werden konnten.

Die Rahmen werden mit Abstandseinrichtungen auf dem optimalen Abstand gehalten und können, je nach gewähltem Kastentyp von der Seite, von hinten oder von oben herausgezogen werden. Um diese Mobilität zu ermöglichen, wurden die Formate der Kästen entsprechend dieser Anforderungen gestaltet. Schienen und Auszugssysteme wurden entwickelt und manche Kästen besitzen sogar Sichtfenster.

Das Rähmchen war ein voller Erfolg, es gab mehrere hundert verschiedene Rähmchenmaße und bis heute hat sich eine Vielzahl davon in Deutschland gehalten. International setzten sich dahin gegen vor allem zwei Maße, nämlich Dadant und Langstroth, durch – allerdings in oft regional variierenden Maßen. Von beiden gibt es international inzwischen über 90 verschiedene Varianten, die zum Teil untereinander vollkommen inkompatibel sind.

Bekannte Rähmchenmaße und ihre Verbreitung

- Zandermaß (Zander): nach Enoch Zander, häufig in Süddeutschland, Österreich, Schweiz.
- Deutsch-Normal-Maß (DN, DNM oder „Einheitsmaß“) in Österreich, Mittel- und Norddeutschland.
- Langstrothmaß (Langstroth): international weit verbreitetes Maß von Lorenzo Langstroth (inzwischen in rund 90 verschiedenen Maßvarianten).
- Dadant Blatt, eine in der Schweiz modifizierte Variante des von Charles Dadant entwickelten Maßes; in der Schweiz und Frankreich weit verbreitet.
- Dadant modifiziert oder -US (oft nur zu „Dadant“ verkürzt): Rähmchen gleich lang wie bei der Langstroth-Beute, sodass die Zargen kompatibel sind, häufig in der Erwerbsimkerei in Deutschland.

Imker wollen Honig

Eine weitere Steigerungsform des Mobilbaus war die Entwicklung der „Magazinbeute“, einer in der Größe anpassbaren Bienenbehausung durch die Nutzung von Zargen. Die Magazinbeute geht auf den von Lorenzo Lorrain Langstroth 1853 entwickelten Bienenkastentyp zurück.

Eine Zarge ist ein in der Regel annähernd quadratischer Körper ohne Deckel und Boden, in den die Rähmchen mit den Waben auf Schienen gehängt werden. Die Zarge kann dann mit einem Boden und einem Deckel zur Bienenwohnung oder „Beute“ komplettiert werden. Zwischen die Elemente können weitere Zargen eingeschoben und damit die Größe des Nistplatzes modular angepasst werden. Da die Rähmchen der hier behandelten Magazinbeuten von oben entnommen werden, zählt man sie zu den „Oberbehandlungsbeuten“.

Mithilfe der Zargen konnte der Nistraum erstmals quer geteilt werden, was die bienenschonende Honigernte möglich machte. Da der Honig bevorzugt fern vom Flugloch eingelagert wird, tragen die Bienen den Nektar in zusätzlich aufgesetzte Zargen, die „Honigräume“, ein.

Ein spezielles Absperrgitter aus Kunststoff oder Metall verhindert, dass die Königin in diese Honigraumzargen einwandert und dort Eier ablegt. Die Gitterabstände sind so gewählt, dass nur die Arbeiterinnen passieren können. Auf diese Weise erhält der Imker gänzlich brutfreie Waben, die nach kurzer Zeit mit Honig gefüllt sind. Diese Honigräume lassen sich entnehmen und nach dem Leeren der Waben wieder aufsetzen, sodass die Bienen sie bei entsprechender Trachtlage erneut füllen werden.

INFO

Die wabenschonende Honigernte in Kombination mit einer Vielzahl neuer Techniken wie der Ablegerbildung, der Austauschbarkeit einzelner Beutenteile und der Mobilität des Wabenbaus begründeten den internationalen Erfolg der Magazinbeuten.

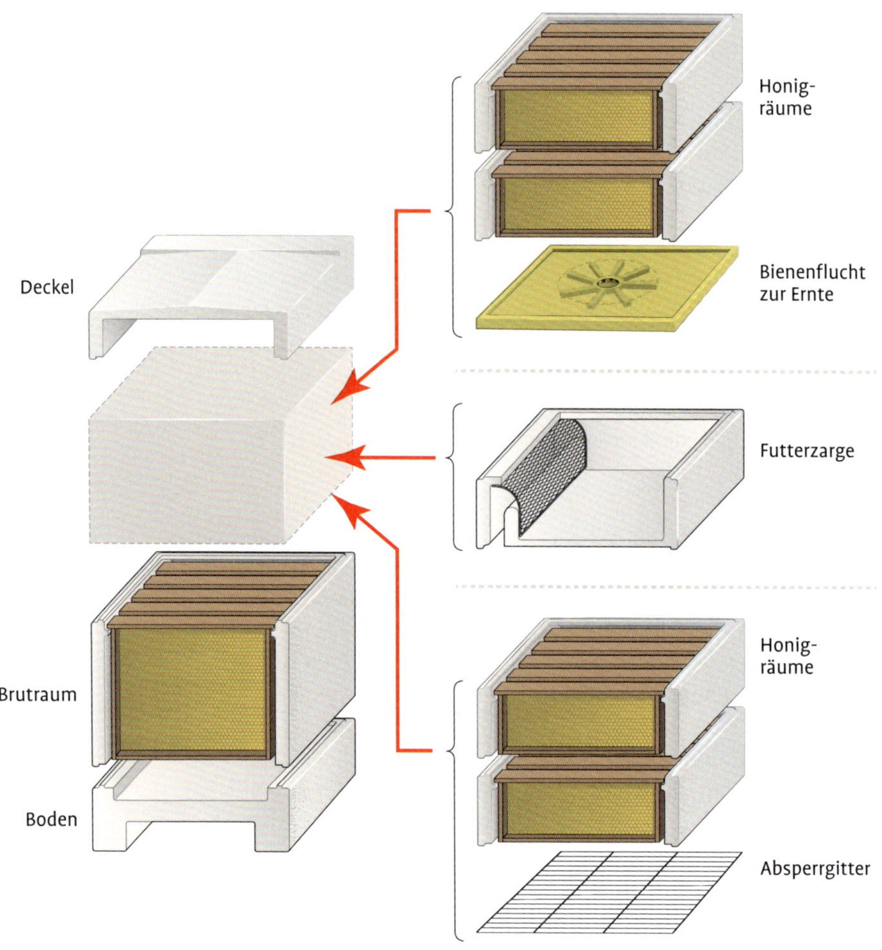

Querschnitt durch eine moderne Großraum-Magazinbeute. Zum Auffüttern wird nach dem Abräumen der Honigräume und des Absperrgitters eine Futterzarge aufgesetzt. Je nach Trachtbedingungen kann die Zahl der Honigräume variieren.

Einfach imkern mit Magazinbeuten

Magazinbeuten sind nicht an eine zusätzliche und kostenintensive Einhausung wie die ebenfalls noch oft angetroffenen „Hinterbehandlungsbeuten“ gebunden – im Gegenteil: Allein oder in kleinen Gruppen oder Reihen stehend, finden diese Kästen selbst in kleinen Gärten, auf Balkonen oder Dächern Platz. Sie lassen sich bei Bedarf verstellen und an neue Standorte umziehen, ohne dass dafür umfangreiche Vorbereitungen nötig sind.

Magazinbeuten lassen sich grundsätzlich in zwei Gruppen einordnen: solche mit einem einzigen („Großraum-Magazinbeute“) oder mit mehreren Bruträumen. Letztere sind in Deutschland sehr weit verbreitet und erhalten den besonderen Reiz dadurch, dass die Honig-

und Brutraumzargen untereinander austauschbar sind. Da alle das gleiche Rähmchenmaß verwenden (beispielsweise Deutsch-Normal oder Zander), ist das freie Tauschen untereinander ein auf den ersten Blick unschlagbares Argument. Übersehen wird dabei freilich, dass dieser Vorteil auch erhebliche Nachteile in sich birgt – und zwar sehr schwere Honigräume, zusätzlich erforderliche Eingriffe wie das rechtzeitige „Erweitern" und aufwendigere Durchsichten (siehe Seite 35).

GROSSRAUM-MAGAZINBEUTEN

Es ist dem Vater der Buckfast-Biene, Karl Kehrle alias „Bruder Adam", zu verdanken, dass der Gedanke des in sich ununterbrochenen, intakten Brutnestes Einzug in die europäische Magazinimkerei hielt. Er testete und optimierte zwischen 1924 und 1930 das von Charles Dadant entwickelte Rähmchenmaß und propagierte die Haltung der Buckfast-Biene in der Großraum-Magazinbeute mit dem Dadant-Maß.

Der Brutraum ist wesentlich höher und besitzt großformatige Rähmchen, während der Honigraum bei gleichem Grundriss eher niedrig gehalten ist. Damit wird das Gesamtvolumen des Nistraumes asymmetrisch in Brut- und Honigraum unterteilt. Der große Brutraum genügt mit – je nach gewähltem System und Betriebsweise – nur 7 Waben das ganze Bienenjahr hindurch. Im Winter kann das Volk schnell und uneingeschränkt die ideale Kugelform der Wintertraube annehmen. Eine Anpassung an die Volksentwicklung erfolgt – wenn überhaupt – durch ein bewegliches Schied, das wie ein Rähmchen mit eingehängt wird. Dieses Schied kann von den Bienen umlaufen werden und engt daher nicht ein – es unterstützt aber bei der schnellen Annahme des Honigraumes (siehe Seite 84).

Im Hobbybereich jedoch, und das sind über 90 % der deutschen Imker, blieb der Tenor lange „eine Imkerei – ein Maß". Erst in den letzten Jahren setzt sich die Erkenntnis auch bei den Freizeit-, Gelegenheits- und Hobbyimkern durch, dass man die Vorteile der Magazinbeute mit zwei verschiedenen Rähmchenmaßen für Brut- und Honigraum und einem einzigen Brutraum zugunsten von Imker und Biene wesentlich besser verteilen kann.

Info Großraum-Magazinbeuten setzten sich vornehmlich bei Berufsimkern durch, die bei der Führung von mehr als 100 Völkern auf eine besonders zeiteffiziente Bearbeitung Wert legen müssen und die sich daher auch von den ertragsorientierten Vorteilen der Buckfast-Kombinationszüchtung schnell überzeugen ließen. Großraum-Magazinbeuten kommen den natürlichen Nistverhältnissen sehr nahe und so ist es kein Wunder, dass besonders viele Bio-Imker in Dadant-Beuten imkern.

Überblick auf einen Blick: Brutwabe im Format DN 1,5.

Neben dem klassischen Dadant-Maß (das in verschiedenen Varianten und Anpassungen existiert) kamen in den letzten Jahren auch neue Maße auf den Markt, die den Umstieg von mehrzargigen Systemen auf Großraum-Magazinbeuten erleichtern, wie beispielsweise Zadant (Rähmchen mit Zanderbreite und Dadanthöhe) sowie das von mir genutzte Deutsch-Normal 1,5. Die verschiedenen Alternativen werden ab Seite 44 näher erläutert.

NATURNAHE MOBILITÄT

In den letzten Jahren wurden Bienenkästen in Stabilbauweise (beispielsweise Bienenkiste, Anastasias Kiste, Top-Bar-Hive, Warré-Beute) populär. Sie werden gezielt mit Schwärmen besiedelt und bieten nur geringe Eingriffsmöglichkeiten. Durchsichten beziehungsweise Krankheitskontrolle oder -behandlung sind, wenn überhaupt, oft nur unter erheblichem Aufwand wie dem Kippen und Aufständern des ganzen Kastens möglich.

Durch den weitgehenden Verzicht auf diese Eingriffe gelten solche Haltungssysteme als besonders „einfach“ und werden vor allem dadurch preiswert, indem man zum einen viel selber baut (und dadurch Zeit statt Geld investiert) und das Teuerste an der Imkerei einspart –

die Honigschleuder. In der Regel findet die Honigernte nur unter Zerstörung oder Mitverzehr des Wabenwerks statt.

Die Freunde dieser Systeme unterstreichen die besondere Naturnähe der Haltungsweise, wobei sie jedoch auch dort durch die Gabe von Oberträgern und Mittelwandstreifen eine gewisse Steuerung des Bienenbaus vornehmen und überlebensnotwendige Kompromisse etwa für die Bekämpfung der Varroamilbe zulassen müssen. Varroaschubladen zur Gemüllkontrolle gibt es oft nicht oder nur in unhandlichem Format, sodass Bedarf und Erfolg einer Milbenbekämpfung schwer ermittelt werden können. Da zudem jede wabenweise Einsichtnahme umständlich ist und viel Erfahrung verlangt, besteht die Gefahr, dass der Bienenhalter es lieber gleich bleiben lässt – und dadurch weder lernen, noch Schaden rechtzeitig abwehren oder beheben kann.

Die Bienenhaltung im Stabilbau ist unbestritten spannend und faszinierend und viele Imker haben das eine oder andere Volk im „Lüneburger Stülper“ oder in kunstvollen Figurenbeuten einquartiert. Strohkorb-Imkereien und Museumsdörfer bieten die ganze Vielfalt dieser urtümlichen Bienenhaltung – doch auch dort sind es weniger Anfänger, sondern in der Regel langjährig erfahrene Imker, die sich um die Völker kümmen. Denn ganz so einfach ist eben selbst diese „reine Bienenhaltung“ nicht, auch wenn dies immer wieder suggeriert wird.

„Einfache“ und „naturnahe“ Imkerei in Großraum-Magazinbeuten

Eine derart „einfache“ und „naturnahe“ Imkerei ist jedoch auch in Großraum-Magazinbeuten grundsätzlich möglich:

- Man kann sich ebenfalls die Schleuder sparen und die Honigwaben einfach herausschneiden und danach auspressen, samt Waben essen oder zerstampft durch das Küchensieb abtropfen lassen.
- Man kann auch in Großraum-Magazinbeuten die Bienen frei oder an mobilen Oberträgern bauen lassen, sie ohne Mittelwände im „Naturbau“ halten oder gänzlich ungestört einfach nur „Bien“ sein lassen.
- Für den vergleichsweise geringen Mehraufwand eines kompletten, rundum geleisteten Rähmchens erhält man jedoch den unschlagbaren Vorteil, auch mal in den Bien schauen zu können, wenn man das möchte.
- Das Erkennen und Bekämpfen von Krankheiten ist in solchen reinen Mobilbausystemen gerade für den Anfänger wesentlich einfacher. Dieser Einblick erlaubt eine steile Lernkurve und ein besseres Verständnis für die Abläufe im Bien.
- Man kann seine Bienen zeigen oder sich selbst etwas zeigen lassen, zum Beispiel von einem erfahrenen Imker. Man kann sich und andere für den Bien begeistern – aus gutem Grund sind Schaukästen mit Königin & Co. immer von Groß und Klein umlagert.

- Vor allem bei unverzichtbaren Eingriffen der Varroabehandlung kann man auf erprobte und bewährte Anwendungsweisen zurückgreifen und muss nicht mit einem sehr kleinen Nutzerkreis zusammen experimentieren.

Fazit – die richtige Beute

Großraum-Magazinbeuten bieten gegenüber rähmchenlosen Alternativen für das gleiche Geld mehr Möglichkeiten zum individuellen Lernen mit und von Ihren Bienen. Selbst wenn Sie nur als Bienenhalter beginnen möchten und (noch) keinen Wert auf Honigernte oder Schwarmverhinderung legen, sollten Sie auf solche Systeme setzen, die Ihnen zukünftig diese Möglichkeiten einräumen. Großraum-Magazinbeuten sind unschlagbar anpassungsfähig und ermöglichen eine Imkerei, deren Grad an Naturnähe ganz von Ihnen abhängt – von einer natürlichen Bienenhaltung im Naturbau mit möglichst wenigen Eingriffen bis hin zur zeiteffizienten und ertragsoptimierten Berufsimkerei.

INFO
Die Kosten einer kompletten Großraum-Magazinbeute liegen trotz der zusätzlichen Rähmchen oft sogar unter den Kaufpreisen für Bienenkiste & Co., nämlich bei rund 120 bis 150 €.

SELBER BAUEN ODER BAUEN LASSEN?

In der Magazinimkerei erhalten Sie weit verbreitete und von vielen Herstellern gefertigte Systeme, sodass man auf den Selbstbau verzichten kann, aber nicht muss. Auch Großraum-Magazinbeuten lassen sich sehr einfach bauen. Wie eingangs erwähnt, sind Bienen nicht besonders wählerisch und haben auch kein Problem damit, wenn die selbst gebaute Beute nicht ganz so schön verarbeitet ist wie die vom professionellen Tischler.

Wer jedoch nun nicht grade selber begeistert bauen kann, wird nur wenige (und dementsprechend teure) Hersteller finden, die solche Nisthilfen „von der Stange“ anbieten, während die klassischen Großraum-Magazinbeuten von vielen Herstellern und in verschiedenen Materialien erhältlich sind. Da nahezu alle Imker mit Rähmchen arbeiten, ist es zudem recht einfach möglich, Völker umzulogieren oder passendes Material zu zukaufen.

VORTEILE DER GROSSRAUM-MAGAZINBEUTE GEGENÜBER MEHRRÄUMIGER MAGAZINBEUTE

Anfänger stehen oft vor der Qual der Wahl, für welches Beutensystem sie sich entscheiden sollen – Vereinskollegen und viele Imker-Einsteigerbücher gehen oft selbstverständlich davon aus, dass es „natürlich“ ein einheitliches, mehrzargiges System wie Deutsch-Normal oder Zander werden soll. Dabei liegen die Vorteile der Großraum-Magazinbeuten auf der Hand:

1. Weniger Arbeit für den Imker und mehr Ruhe für die Bienen
Mit einer Großraum-Magazinbeute haben alle weniger zu tun – bei der Brutraumdurchsicht gibt es je nach System nur bis zu 12 Waben, die man anschauen könnte, im Gegensatz zu 22 Waben bei der klassischen DN-Beute mit 2 Bruträumen. Mit zunehmender Erfahrung werden es dann immer weniger Waben, die man ziehen muss, um sich ein Bild über den Zustand des Volkes zu machen. Das gezielte Suchen der Königin wird einfacher, schneller und erfolgreicher, da sich das Brutnest auf wenige Waben beschränkt.

Die mit der Durchsicht verbundene Störung fällt daher geringer aus als bei mehrzargigen Bruträumen. Zudem gibt es weniger „Kollateralschäden“, da das Übereinanderstellen schwerer Zargen und das damit verbundene und praktisch unvermeidbare Quetschen von Arbeiterinnen minimiert werden. Außerdem gerät der Imker nicht in Versuchung, Anlage und Form des Brutnestes sowie Verteilung der Pollen und Honigvorräte durch Vertauschen von Waben zwischen den Brutraumzargen zu steuern. Viele ältere Imkerbücher empfehlen zum Beispiel ein Umhängen zum „Einrichten des Wintersitzes“. Ersparen Sie sich und Ihren Bienen diese Manipulationen!

Ein zargenweises Auseinanderreißen der Wintertraube zur Durchführung der Winterbehandlung gegen die Varroamilbe entfällt. Zudem fallen viele Arbeiten, die mit den mehrzargigen Bruträumen einhergehen – wie zum Beispiel das rechtzeitige Erweitern mit weiteren Brutraumzargen – ersatzlos weg. Die Bienen haben daher weniger Eingriffe und Störungen zu befürchten und der Imker spart sich manchen Handgriff.

GUT ZU WISSEN
Allerdings bedeuten die niedrigen Honigräume aufgrund der höheren Rähmchenzahl ein paar Handgriffe mehr und demnach etwas mehr Zeitaufwand bei der Schleuderung. Teurer sind diese Beutensysteme trotz der verschiedenen Rähmchenmaße nicht – die Mehrausgabe bei den Honigräumen wird von den niedrigeren Kosten für die Bruträume in etwa kompensiert.

2. Weniger zu schleppen und zu heben
Bei der Durchsicht einer Großraum-Magazinbeute sind keine schweren Brutraumzargen abzuheben, die Honigräume sind wesentlich niedriger und leichter. Man kommt nicht in Versuchung, mithilfe von unzuverlässig funktionierenden und aus Sicht der Arbeitsergonomie und -sicherheit zweifelhaften „Kipp-Kontrollen“ die Schwarmstimmung im Volk abzuschätzen. Spätestens, wenn Sie im Brutraum gerne mal Naturbauimkerei betreiben möchten, werden Sie erleben, wo die Bienen überall Weiselzellen verstecken können und die wenigsten davon werden bei der „Kipp-Kontrolle“ lehrbuchgemäß von unten zu erkennen sein.

Zudem lassen sich die Honigräume in handlichen Portionen von 10 bis 15 kg (anstatt über 25 kg wie bei DN) zur Schleuder tragen, sodass man auch noch bis ins hohe Alter Freude an der Imkerei haben kann. Auch für Kinder und Jugendliche ist eine solche Imkerei wortwörtlich leichter zu stemmen.

3. Naturnahes, ununterbrochenes Brutnest mit ausreichend Platz

In mehrzargigen Systemen müssen die Bienen ihr Brutnest auf zwei oder sogar mehr Zargen aufteilen. Beim Versuch, das ihnen eigene, kugelförmige Brutnest zu errichten, verteilen sie die Brut auf die obere und untere Brutraumzarge. Da die Rähmchen der Zargen zueinander auf Abstand gehalten sind, entsteht so eine für die Bienen unnatürliche Querlücke im Brutnest und die Königin muss immer wieder zwischen den Zargen wechseln. Bei der Durchsicht der oberen und unteren Zargen gerät schnell mal etwas durcheinander und dann wird das Brutnest plötzlich zusätzlich durch eine falsch zurückgegebene Pollen- oder Drohnenbrutwabe unterbrochen, während die eigentliche Brutwabe nun an einer anderen Stelle hängt.

In einer Großraum-Magazinbeute wird dies nicht so schnell passieren – auf nur wenigen Waben verteilt sich das kreisförmige Brutnest und kann schon allein per Augenmaß anhand seiner Ausdehnung einfach wiederhergestellt werden. Der Informationsaustausch über die Brutwaben mittels Comb-Wide-Web verläuft gänzlich ungestört von irgendwelchen quer eingezogenen Holzträgern. Die Königin kann die gesamte Brutfläche belaufen, ohne Abstände zwischen den Zargen überqueren zu müssen, wo sie womöglich bei der Durchsicht auch eher gedrückt werden kann.

Das „Verhonigen" des Brutraums, wie es in den mehrzargigen Bruträumen bei zu spätem Erweitern schnell passieren kann, wird man in diesem Brutraum allenfalls beim unsachgemäßen Schiedeinsatz erleben.

4. Kein Wabentausch zwischen Brut- und Honigraum

Für viele Imker mit einheitlichem Rähmchenmaß ist es immer noch üblich, die Bienen in die Honigräume zu locken, indem sie dort Brutwaben eingehängen. Und es werden munter Waben zwischen Brutraum und Honigraum getauscht.

Dies ist für Großraum-Magazinimker nicht möglich – was nur auf den ersten Blick ein Nachteil ist. Auf den zweiten Blick wird deutlich, dass diese Imker nicht in Versuchung geraten, im Winter Honigräume mit bebrüteten Waben aufzubewahren. Dies fördert allenfalls die Verschleppung von Krankheiten und die hauseigene Wachsmottenzucht.

Gut zu wissen Die Bienen selbst schätzen offenbar etwas mehr Raum – Schwärme entscheiden sich für Hohlräume ab 47 Litern Inhalt. Mit Großraummaßen wie DN 1,5 (ca. 56 Liter) und Dadant (ca. 59 Liter) liegt man also immer im natürlicherweise gewählten Nistgrößenbereich, eine DN-Zarge mit nur 37 Litern ist eigentlich schon zu eng.

Methoden wie das für die Bienen unnatürliche und stressige Umhängen von Brutwaben in den Honigraum sind nicht möglich. Man kann dem Kunden mit gutem Gewissen blütenweiße Honigwaben anstatt schwarzer Schwarten zeigen. Zudem lassen sich nur unbebrütetete Waben komfortabel und schnell mit Heißluft entdeckeln (siehe Seite 145) oder direkt als Wabenhonig verzehren.

Die niedrigen Honigräume kann man bedenkenlos früher im Jahr aufsetzen, da das zu beheizende Beutenvolumen nur gering vergrößert wird. Zudem werden die durch die Bienen zu besetzenden niedrigen Honigräume sehr schnell im reinen Naturbau ausgebaut.

Niedrige Waben, beispielsweise mit dem Maß von DN 0,5 („DN halbe"), kann man im reinen Naturbau sogar ohne Drahtung ausbauen lassen und erhält schleuderfähige Waben – das spart Draht, Zeit und Mittelwände. Diese Rähmchen lassen sich auch gefüllt im Auto gut transportieren, ohne dass es zum Abreißen und Auslaufen der Wabe kommt. Sie eignen sich daher besonders gut für die Gewinnung von Wabenhonig. Zudem erlauben die niedrigen Honigräume in entsprechenden Trachtgebieten das recht genaue Abernten von Sortenhonigen bei dicht aufeinander folgenden Trachten.

5. Bauerneuerung mit nur wenigen Waben

Die Brutwaben werden mit jeder Generation, die in ihr heranwächst, dunkler, das Zellvolumen nimmt ab und es reichern sich Schadstoffe und Krankheitserreger in den Waben an, sodass die regelmäßige Bauerneuerung imkerliche Pflicht ist.

Vorteile der Großraum-Magazinbeute

- Schnelle und schonende Durchsicht, da weniger Waben.
- Kein schweres Heben/Kippen bei der Durchsicht, da einräumig und nur leichte Honigräume.
- Naturnahes, einheitliches Brutnest.
- Brutnestüberblick und Finden der Königin mit nur wenigen Wabenzügen möglich.
- Geringeres Risiko des Vertauschens von Wabenpositionen.
- Zusätzliche Arbeiten wie beispielsweise Erweitern entfallen.
- Naturnahes Imkern ohne Tauschen von Waben zwischen Brut- und Honigraum.
- Geringeres Risiko für Brutplatzmangel, Futterabriss oder Hungernot.
- Mehrere Ableger in einer mit Schieden getrennten Zarge möglich.
- Ungedrahteter Naturbau im Honigraum möglich und auch gefüllt ohne Wabenbruch transportierbar, Sorten- und Wabenhonige gut zu gewinnen.

Rund ein Drittel aller Waben pro Jahr sollten neu gebaut werden. In der Großraum-Magazinbeute sind das also nur drei bis vier Waben anstelle von sieben bis acht bei Deutsch Normal (mit zwei Bruträumen).

Diese Bauerneuerung kann schonend stattfinden, quer durch das Imkerjahr im Rahmen der üblichen Durchsicht oder auch in Kombination mit der Ablegerbildung und Varroabekämpfung („Brutscheune" – siehe Seite 165).

6. Schwelgende Bienen

Bienen, deren Brutraum immer ausreichend dimensioniert ist, und zwar im Sommer wie im Winter, haben ausreichend „stille Reserven". Das zu scharfe Abschleudern von Honig aus dem Brutraum, wie es bei einheitlichen Rähmchenmaßen vorkommen kann, ist hier kaum möglich. Solchermaßen versorgte Völker entwickeln sich besser und kommen erfolgreicher über den Winter – „Verhungern" oder „Futterabriss" gut entwickelter, gesunder Völker ist in diesem Maß kaum möglich.

Welche Biene für Großraumbeuten?

Neben der Frage des richtigen Rähmchenmaßes, der richtigen Beute und der korrekten Varroabehandlung ist die Frage nach der „richtigen Biene" ein weiteres „heißes Eisen" unter den Imkern.

Dabei ist die Auswahl hierzulande eigentlich bescheiden: Es stehen nur ein paar Rassen einer einzigen Art (*Apis mellifera*), die allesamt untereinander kreuzbar sind und sich auf den flüchtigen Blick nur in mehr oder weniger gut sichtbaren Details unterscheiden, zur Verfügung. Alle der hier gehaltenen Bienenrassen wie die Krainer

Belegstellenschutz beachten

Klären Sie über Ihren Verein oder Amtstierarzt, ob der Standort Ihrer Bienen in einem womöglich geschützten Bereich einer Belegstelle liegt. Diese Belegstellen dienen der gezielten Zucht bestimmter Bienenrassen.

In manchen Bundesländern dürfen in einem Umkreis von bis zu 10 km oder mehr um solche Belegstellen nur Bienen gehalten werden, die aus der Zuchtlinie der Belegstelle stammen. Dann haben Sie keine Wahl und dürfen ausschließlich die dort gezüchtete Linie – ob Buckfast oder Carnica – auf dem Stand halten.

Wenden Sie sich dann an den Belegstellenleiter, damit er Ihnen bei der Umstellung auf diese Linie hilft. In der Regel erhalten Sie dadurch günstig besonders gut gepflegte Zuchtlinien, sodass dieser gesetzliche Zwang kein Nachteil sein muss.

Biene („Carnica“) und Dunkle Biene („Mellifera“ oder „nigra“) sowie Züchtungen wie die „Buckfast“ werden erfolgreich in Großraum-Magazinbeuten gehalten. So ist es weniger eine Frage der Rasse als der Eigenschaften, für welche man sich entscheidet.

Wichtiger als die Rasse sind gerade für den Anfänger oder Stadtbienenhalter grundsätzliche Eigenschaften, die das Zusammenleben für beide Seiten angenehm und langfristig gestalten. Diese lassen sich selbst für den Anfänger schon recht schnell erfassen:

Dazu gehören eine geringe Stichfreude, eine mäßige und gut zu steuernde Schwarmfreude und ein friedlicher Wabensitz, bei der die Bienen auch auf gezogenen Waben ruhig sitzen bleiben. Weitere Eigenschaften wie die Resistenz gegenüber von Krankheiten und Parasiten, Brutverhalten und Honigertrag lassen sich in der Regel erst nach längerfristiger Beobachtung ermitteln.

Start in die Imkerei – Ausstattung und die ersten Bienen

Der pauschale Rat an Anfänger und Einsteiger, grundsätzlich mit dem Beutenmaß anzufangen, das sie bei ihrem Imkerpaten kennengelernt haben oder das in Ihrer Region/in Ihrem Verein bevorzugt verwendet wird, ist nicht mehr zeitgemäß – zwar ist es praktisch, doch übernimmt man so häufig eben auch die Limitationen und oft nicht mehr zeitgemäßen Methoden.

Nutzen Sie daher jede Gelegenheit zum Mitimkern und besuchen Sie Schnupperkurse und Einführungsveranstaltungen bei erfahrenen Imkern und Imkerinnen, Vereinen, Umweltbildungseinrichtungen und Landesbieneninstituten. Viele Imker haben inzwischen auch eigene Websites, die wahre Fundgruben sein können. Manche berichten über eigene Entwicklungen und Fehlschläge und können Ihnen so manches Ausprobieren ersparen. Über Internetforen und deren Treffen können Sie sich auch ohne Vereinssatzung austauschen und unterstützen.

Ein Verein bietet jedoch darüber hinausgehend Ansprechpartner und Hilfe vor Ort, schnellen Zugang zu Bienenvölkern, besonderen Versicherungsschutz für Imker sowie manch anderes Schmankerl.

Nutzen Sie Nikolaus und Weihnachten, um sich statt mit Schokolade mit Fachbüchern füttern zu lassen und lassen Sie sich das Abo einer Imkerzeitschrift schenken.

Imker-Supermärkte

Wer mit der Imkerei anfängt, muss zunächst Geld in die Hand nehmen und da liegt der Versuch nahe, das Material günstig gebraucht zu erwerben. Tatsächlich werden gerade über Imkervereine oder Kleinanzeigen in Bienenzeitungen oder im Internet häufig Materialien angeboten. Ob Dachbodenfunde oder Erbmasse – für den Anfänger ist es nicht immer ganz einfach, Spreu vom Weizen zu trennen.

Imkerbedarfsläden finden sich nicht wie Discounter an jeder Ecke – oft fallen sie gar nicht auf, da es meist Nebengewerbe in Privathaushalten sind. Hier hilft der Blick in Gewerbeverzeichnisse, Google Maps oder aber in die Anzeigen der Imkerzeitungen.

Viele Händler haben inzwischen virtuelle Vertretungen im Internet und Online-Shops, in denen sich rund um die Uhr bestellen lässt. Allerdings sind die Qualitäten oft sehr unterschiedlich und es lohnt sich, weil Sie sich die Ware nicht selbst im Laden anschauen können, sich in den Internetforen und in den Vereinen umzuhören und von den Erfahrungen anderer zu profitieren.

Imker- und Honigtage

Von September bis April tummeln sich zahlreiche „Imkertage" und „Honigtage" – nahezu jedes Bundesland, oft sogar noch einzelne Regionen haben seit vielen Jahren etablierte Veranstaltungen mit Honigprämierung für Vereinsimker, Vorträgen aus der Praxis und natürlich Verkaufsständen regionaler und überregionaler Händler. Veranstalter sind in der Regel die Imkervereine und Imkerverbände. Dazu kommen noch Veranstaltungen von Landesbieneninstituten und Universitäten, die oft mit einem wissenschaftlichen Vortragsprogramm glänzen. Ein Besuch beispielsweise beim Apisticus-Tag in Münster, dem Großimkertag in Soltau oder gar dem Erwerbsimkertag in Donaueschingen lohnt zum Kontakteknüpfen, weiterbilden und shoppen!

Ein Heim für meine Bienen: Beutenkauf

Wie eingangs beschrieben, sind Bienen nicht besonders anspruchsvoll, was Form und Art ihrer Behausung angeht – es sind vor allem Ihre Wünsche, die nun über Art und Ausstattung Ihrer Großraum-Magazinbeute bestimmen.

HOLZ ODER KUNSTSTOFF?

Sofern Sie nicht durchweg alles selber bauen wollen, sollten Sie sich bei möglichst vielen Händlern umschauen, damit Sie ein Gefühl dafür bekommen, welche Hersteller wirklich am Markt etabliert sind und Sie auch noch auf Jahre hinaus mit Material versorgen können.

Auch wenn Sie bisher vorhaben, nur ein Volk zu halten (was aber im Allgemeinen nicht empfohlen wird – drei bis sechs sollten es schon sein): Wer einmal in der Imkerei Feuer gefangen hat, wird schnell expandieren und mit einem exotischen Maß oder einer einzigartigen Beute, die nur von dem 85-jährigen Tischler um die Ecke gefertigt werden kann, kann die Imkerei dann schnell in einer Sackgasse enden.

Die Debatte, welches Beutenmaterial besser für Honigbienen geeignet ist, wird wohl nie abschließend geklärt werden. Es ist eine Debatte, die seit dem Aufkommen der Segeberger Beuten aus Hartpor – eine besonders dichte und feste Form des Styropors – besteht. Beide Materialien haben ihre Vor- und Nachteile.

Holz

Holz ist ein altbewährtes Beutenmaterial und steht bei vielen Imkern für die Natürlichkeit, die sie mit der Bienenhaltung verbinden. Es hat den Vorteil, dass es einfach verfügbar, reparabel, langlebig und

Holzbeuten sind dekorativ und lassen sich mit Lasuren kreativ gestalten.

CO_2-neutral verwertbar ist. Es ist zudem durch Abflammen gut zu desinfizieren und lässt sich leicht modifizieren. Wasserdampf, beispielsweise beim Ausschmelzen von Waben, ertragen solche Beuten gut.

Wer ein Händchen für Holz hat, gerne konstruiert und bastelt und lieber Geld statt Zeit sparen möchte, kann die Beuten sogar selber bauen.

Als Nachteil ist das höhere Gewicht zu nennen, die geringere Maßtreue (Holz verzieht sich je nach Qualität und Luftfeuchte) und eine gewisse Empfindlichkeit gegenüber Witterungseinflüssen (vor allem Staunässe), was eine regelmäßige Pflege durch Erneuerung der Außenanstriche erfordert. Holzbeuten isolieren auch etwas schlechter als Kunststoff-Beuten, gelten dafür aber auch als atmungsaktiver.

Gerade bei Holzbeuten ist die Bauvielfalt enorm, sodass es manchmal schwierig wird, nur die Holzbeutenteile verschiedener Hersteller miteinander zu kombinieren, auch wenn sie das gleiche Maß haben oder dasselbe Rähmchenmaß verwenden. Der eine baut mit Falz, der andere ohne und auch bei den Wandstärken kann es erhebliche Abweichungen geben.

Hartpor

Hartpor ist ein Material, das wesentlich härter als Styropor ist, aber dessen gute Isolationsfähigkeit mitbringt. Zudem ist es weit leichter als eine vergleichbare Holzbeute (etwa 50 % Gewichtsersparnis), was rücken- und kraftschonenderes Imkern ermöglicht. Es ist ein

In Holz lassen sich auch kreative „Schmuckbeuten" fertigen – in diesem Häuschen finden 13 Waben in DN 1,5 Platz.

sehr maßgetreues Material, das nicht zum Verziehen neigt, und seine Haltbarkeit ist mit der von Holzbeuten vergleichbar. Zudem ist es wartungsarm, erfordert nicht unbedingt einen Anstrich und leidet nicht unter Feuchtigkeit – solche Beuten können auch dauerhaft direkten Erdkontakt haben. Die Beuten sind jedoch etwas voluminöser als Holzbeuten, da die Wände dicker sind.

Die verfügbaren Systeme wie die „Segeberger Beute" oder die „Frankenbeute" haben auch den Vorteil der absoluten Kompatibilität, sodass es recht egal ist, bei welchem Händler man die einzelnen Teile kauft. Die Systeme sind gut durchdacht und haben sich bereits über lange Zeit bewährt.

Aufgrund der guten Dämmeigenschaften ist die Entwicklung der Völker gut und sie kommen etwas schneller aus dem Winter, bei einem etwas geringeren Futterverbrauch. Ein Vorteil bei quadratischen Beutesystemen wie der Segeberger Beute ist, dass man durch simples Drehen des Brutraums auf dem Boden die Wabenorientierung ändern kann. So kann die Bearbeitungsrichtung des Volkes frei gewählt werden. Solche Systeme finden sich jedoch auch bei Holzbeuten.

Ein Nachteil der Kunststoffbeuten ist die schlechte Modifizierbarkeit – ein Ändern der Beuten ist im Nachhinein so gut wie nicht möglich. Die Beuten lassen sich schlechter desinfizieren, sie vertragen weder die offene Flamme, noch halten sie heißem Wasserdampf lange stand – einzig das Untertauchen in Natronlauge steht zur Desinfektion zur Verfügung (was jedoch aufgrund des hohen Auftriebs schwierig ist). Die Reparatur schwerer Schäden wie zum Beispiel von

Holz oder Kunststoff – nicht beides!

Sie sollten sich klar für eine Option entscheiden und nicht der Versuchung erliegen, Holz- und Kunststoffbeuten miteinander zu kombinieren. Solche Kombinationen gehen meistens schief – so ist es sinnlos, für die Segeberger Beuten einen regenempfindlichen Holzboden zu erwerben oder Holzzargen aufzusetzen. Gerade bei den Kunststoffbeuten sammelt sich oft Wasser im Falz, sodass die Holzzargen „nasse Füße" bekommen.

Spechtlöchern ist unkompliziert, doch auf das einfache Ausschleifen oberflächlicher Macken muss man bei diesen Beuten verzichten.

Kunststoffbeuten gelten auch zu Recht als weniger natürlich und manche Imker fürchten Ausdünstungen – obwohl es dafür bisher keinerlei wissenschaftlichen Beleg gibt.

Im Vergleich zu den oft als wertiger empfundenen Holzbeuten sind sie auch recht teuer, da es nur wenige Hersteller gibt. Der oft geäußerte Vorwurf, dass der Honig aus Kunststoffbeuten einen höheren Wassergehalt habe, konnte wissenschaftlich bisher nicht belegt werden.

Wer sich die Option auf eine zertifizierte Bioimkerei offen halten möchte, muss von diesem Beutentyp zwangsläufig Abstand halten; dort sind Holzbeuten zwingend vorgeschrieben.

DAS RICHTIGE MASS

Mit dem Kauf dieses Buches haben Sie bereits die Vorteile der Großraum-Magazinbeuten erkannt und damit ist die Qual der Wahl bei den Rähmchenmaßen schon nicht mehr so groß. Folgende Varianten sind üblich:

Dadant: Mit diesem Klassiker unter den Großraumbeuten können Sie nichts falsch machen – es ist ein Weltmaß, das neben Langstroth das weltweit bekannteste Beutenmaß darstellt. Sie können dieses Maß sowohl in Holz als auch in Kunststoff (beispielsweise „Frankenbeute") bekommen. Etwa 15 bis 19 % der deutschen Imker nutzen dieses Maß (mit wachsender Tendenz).

Allerdings (mit wachsender Tendenz): Dadant ist eben nicht einfach gleich Dadant. Es gibt eine Vielzahl von Varianten, die man kennen und unterscheiden sollte, damit die bestellten Rähmchen auch passen. Leider sind sich die Händler auch nicht immer einig in ihren Bezeichnungen, sodass man unbedingt auf die Maßangaben achten sollte:

- Dadant – Blatt (auch „Dadant-Sträuli-Alberti"): ca. 43,5 cm × 30 cm (Oberträger: 47,0 cm)
- Dadant – US (auch nur „Dadant", „modifiziert" oder „modifiziert nach Ries"): ca. 44,8 cm × 28,5 cm (Oberträger: 48,2 cm)

Segeberger Beuten im Vergleich. Links zweizargiger Brutraum in Deutsch Normal (DN), rechts einzargiger Brutraum in DN 1,5 ohne/mit aufgesetztem Honigraum (DN 0,5).

Dadant-US ist in Deutschland noch am ehesten in Gebrauch, da dieses Maß mit dem international weit verbreiteten Langstroth-Maß kompatibel ist, deren Zargen dann als Honigräume Verwendung finden können.

Deutsch-Normal 1,5 und andere „Umsteigemaße“: Das relativ junge Maß kam erst um 2004 auf den Markt und anfangs nur als Version der Segeberger Beute, also in Kunststoff. Inzwischen gibt es aber Hersteller, die dieses Maß auch als Holzbeute anbieten, und die Tatsache, dass man die zugehörigen Rähmchen inzwischen bei nahezu jedem im Internet vertretenen Imkerhandel findet, zeigt, dass es offenbar sehr erfolgreich ist. Den Marktanteil wollte der Hersteller der Segeberger Beute, die Fa. Stehr, trotz mehrfacher Nachfrage nicht preisgeben, er liegt jedoch nach eigenen Erhebungen bei bis zu 10 %. Besonders viele Anfänger entscheiden sich offenbar für das „Dadant des Nordens“.

Der Erfolg ist verständlich, da es den bisher auf dem weit verbreiteten DN-Maß arbeitenden Imker eine Umstiegsoption auf Großraum-Magazinbeuten bietet, ohne dass sie ihr bisheriges Material aufgeben müssen. 30 bis 35 % der deutschen Imker arbeiten auf DN und können nach der Umstellung die bisherigen Brutraumzargen als Honigräume weiterverwenden. Allerdings behalten sie damit den Nachteil sehr schwerer Honigräume, sodass manche Imker nach der Methode von Georg Petrausch diese Zargen bereits senkrecht durchsägen und so das Gewicht halbieren.

Auch für Anfänger, die in einer Region imkern möchten, in der hauptsächlich mit DN gearbeitet wird, ist dieses Maß besonders attraktiv. DN-Waben lassen sich problemlos einhängen und DN-Zargen aufsetzen, sodass das Umwohnen von Völkern auf das neue Maß recht einfach möglich ist.

Inzwischen haben auch die Hersteller anderer Beutenformate nachgezogen. So gibt es mit Zadant eine Möglichkeit, das verbreitete Zander-Maß (Marktanteil circa 35 %) mit Dadant (als Brutraum) zu kombinieren. Auch dort besteht die Möglichkeit, die bisherigen Zander-Bruträume zukünftig als Honigräume weiter zu verwenden. Einige Imker experimentieren auch mit Zander 1,5. Entsprechende Rähmchen sind im Handel jedoch nicht weit verbreitet.

Neben der Frage nach dem richtigen Maß stellt sich automatisch auch die Frage nach der Beute, denn die Anzahl der Rähmchen, die in eine Zarge passen, variiert von System zu System. Zwischen neun und zwölf Rähmchen sind üblich, wobei allgemein eine ungerade Rähmchenzahl (also neun oder elf) empfohlen wird. Da ein Bienenschwarm mit der Errichtung einer einzelnen Wabe beginnt und von dieser ausgehend links und rechts die weiteren Waben errichtet, hat ein frei bauendes Bienenvolk häufig eine ungerade Wabenzahl. Bisher konnte jedoch noch kein Nachweis erbracht werden, dass sich ein Volk in Kästen mit zehn Rähmchen erkennbar anders oder schlechter entwickelt.

Ein in den letzten Jahren vor allem in den Städten beliebtes Beutenformat kreuzt typische Großraum-Rähmchenmasse wie DN 1,5 mit sogenannten Lagerbeuten, wie sie vor allem durch die Golz-Beute bekannt wurde. Die z. B. als „City-Boxen" bezeichneten, sehr großformatigen Beuten werden ohne Honigräume geführt und ähneln damit eher einer Bienenbox. Bei ihnen entfällt der Lagerplatzbedarf für Honigräume und weitere Rähmchentypen, weshalb sie sich vor allem

Augen auf beim Zargenkauf!

Gerade als Anfänger ist man versucht, gebrauchtes Material von Kollegen oder aus Erbschaften zu erstehen. Davon kann nur dringend abgeraten werden – es ist bemerkenswert, wie manche noch versuchen, uralte emaillierte Schleudern oder schwarze Brutwaben an den Mann zu bringen.
Als Anfänger sollten Sie von solchen „Schnäppchen" Abstand halten – der Aufwand der Desinfektion und das Risiko, dass man schlichtweg Unbrauchbares erwirbt, ist zu groß. Auch wenn es zunächst im Geldbeutel schmerzt, sollten Sie zumindest in vernünftige und neue Beuten investieren und zwar im selbst gewählten Format und nicht in einem ausrangierten Spezialmaß, für das es keine Rähmchen und Beuten mehr gibt. Kaufen Sie dabei ruhig eine Zarge samt Boden und Deckel mehr als geplant!

Brutwabenflächen

Bezeichnung Rähmchen	Fläche pro Wabe (ca.)	Honig/ Wabe (beidseitig gefüllt)	Zellen pro Wabe	Zellen pro Zarge bei Verwendung von X Rähmchen			
	cm²	kg	Anzahl	5	6	7	8
Deutsch normal	700	2,54	5000	25000	30000	35000	40000
Langstroth	840	3,05	6000	30000	36000	42000	48000
Dadant Blatt	1087	3,94	7761	38804	46564	54325	62086
Dadant mod.	1092	3,96	7800	39000	46800	54600	62400
Zadant	1027	3,73	7336	36679	44014	51350	58686
DN 1,5	1093	3,97	7808	39038	46845	54653	62460
Zander 1,5	1225	4,44	8746	43732	52479	61225	69971
Benötigte Brutnestgröße bei 1.500 Eiern/Tag und 21 Tagen Entwicklungszeit = 31500							
Benötigte Brutnestgröße bei 2.500 Eiern/Tag und 21 Tagen Entwicklungszeit = 52500							

an die kleinformatige, städtische Imkerei richten. Sie werden trotz des gleichen Rähmchenformats etwas anders betrieben als die hier im Buch beschriebenen Großraum-Magazinbeuten.

Prüfen Sie auch, welche Lösung der Beuten-Hersteller für die Ablegerbildung vorsieht – der große Vorteil der Großraum-Magazinbeuten liegt eigentlich darin, dass es keine extra Ablegerkästen braucht. Mit entsprechenden Ablegerböden und Trennschieden kann eine normale Brutraumzarge bis zu drei Ableger aufnehmen, die eigene Fluglöcher haben (siehe Zeichnung Seite 127).

WELCHER HONIGRAUM?

In der Regel kauft man eine Bienenbeute komplett, das heißt, es werden Brutraum, Honigräume, Boden und Deckel zusammen erworben. Allerdings kann man die Teile auch einzeln erhalten, wobei man jedoch seinem System (und vor allem bei Holzbeuten auch dem Händler) treu bleiben sollte. Fertigungsunterschiede und kleine Details können gerade bei Holzbeuten dafür sorgen, dass der Dadant Honigraum nicht auf den Dadant Brutraum vom anderen Händler passt.

Auch wer zunächst kein Interesse daran hat, seinen Bienen Honigräume anzubieten und diese abzuernten, sollte sich dennoch mit dieser Frage beschäftigen – zum einen kauft man so dieses Material im Set oft günstiger als im Einzelkauf und zum anderen hält man sich diese Nutzungsmöglichkeit zukünftig offen.

Die Debatte, ob Beuten mit oder ohne Falz, ist ebenfalls eine persönliche Ansichtssache. Der Falz erhöht die Arbeitssicherheit, da die einzelnen Beutenteile sicher ineinandergreifen und sie vor dem Verschieben sichern. Auf der anderen Seite sind Bienenverluste zu beklagen, da die Bienen oft die Falz belagern und beim Zusammenbau zerquetscht werden.

Für Großraum-Magazinbeuten werden üblicherweise eher flache Honigräume verwendet. Je nach System und Anbieter hat man nun die Qual der Wahl, wie hoch der Honigraum sein soll. Bei Dadant stehen je nach verwendeter Ausgangsversion (modifiziert, Blatt, usw.) Honigräume mit Höhen zwischen 14,5 cm, 15,9 cm oder gar 23,2 cm (Langstroth) zur Verfügung. Bei der Segeberger DN 1,5 Großraum-Magazinbeute kann man als Honigräume DN-Halbzargen (Höhe 11 cm), DN-Flachzargen (Höhe 15,9 cm; übliches Maß beim Komplettbeutenkauf) und DN-Ganzzargen (22,3 cm) aufsetzen. Welche sollte man also wählen?
Folgende Kriterien sollte man bei der Wahl berücksichtigen:

- Gewicht: Eine mit 11 Rähmchen bestückte DN-Halbzarge (Hartpor) wiegt voll mit Honig beladen um die 15 Kilo – eine Ganzzarge kann locker um die 30 kg wiegen. Dieses Gewicht in dem wenig handlichen 50 × 50 cm-Format ist für die Durchsicht und Ernte abzunehmen, zu heben und zu kippen. Und das nicht nur jetzt, sondern auch noch in 10 und mehr Jahren. Insbesondere für Schulimker-AGs sollte man die Imkerlehrlinge mal testen lassen, was sie überhaupt gut und sicher bewegen können.
- Kompatibilität: Wenn Sie Ihre Honigwaben schleudern möchten, sollten Sie bedenken, dass das gewählte Maß auch gut zu schleudern ist. Es ist ärgerlich und arbeitsaufwendig, wenn durch ein ungünstiges Format eine Schleuder nur unvollständig ausgelastet werden kann, weil die einzelnen Schleuderkörbe nicht vollgefüllt werden können. Praktisch ist es daher auch, wenn man Honigräume kombinieren kann, um Ableger oder auf einem anderen Maß sitzende Völker provisorisch einlogieren zu können. Ideal sind daher Maße, die sich auf lokal verbreitete Standardmaße zurückführen lassen (also beispielsweise DN-Halbzargen, die sich zu einer Ganzzarge stapeln lassen).
- Betriebsweise: Bedenken Sie zudem, dass kleinere Räume im zeitigen Frühjahr früher aufgesetzt werden können und sie schneller belagert und gefüllt werden als große. Zudem findet die Erweiterung des durch die Bienen zu beheizenden Nistraums in kleineren Räumen schonender statt. Allerdings bedeuten kleinere Honigräume auch schnelleres Füllen und damit mehr Materialbedarf für diejenigen, die nicht viel Zeit für das häufigere Schleudern erübrigen können oder wollen.
  Wer häufiger schleudern kann, wird mit 2 bis 3 niedrigen Zargen (DN 0,5) zufrieden sein; vor allem bei Verwendung des Schiedes sollten es mindestens 4–6 von diesem Format sein. Bei Flachzargen, Langstroth- oder Dadant-Honigräumen sind 2 bis 3 Zargen je Volk für die meisten Imker ausreichend.

- Preis: Häufig kann man Komplettbeuten günstiger erwerben als die Einzelteile – da lohnt es sich genauer hinzuschauen, welche Honigräume im Preis mit dabei sind und was diese einzeln kosten.
- Rähmchen: Prüfen Sie, ob die gewünschten Rähmchen für dieses Maß gut verfügbar sind und schauen Sie sich diese Rähmchen an. Wenn Sie beispielsweise mit Dickwaben arbeiten wollen, für die gerade Seitenteile vorteilhaft sind, so sollten Sie die Verfügbarkeit solcher Rähmchen in Ihrer Honigraumhöhe unbedingt sicherstellen.

BODEN & DECKEL

Holzbeuten erhalten als Dach in der Regel einen mehrlagigen Deckel aus Holz und Zinkblech. Bei den Segeberger Kunststoffbeuten hat man allenfalls die Auswahl, ob man den Deckel mit oder ohne Futterteigaussparung möchte

Die Böden werden ebenfalls in verschiedenen Varianten angeboten – wichtig ist ein Gitterboden, idealerweise aus Metall (am besten Edelstahl) und ganzflächig. Es sollte möglich sein, eine Bodenschublade („Varroaschublade“) unter das Gitter zu schieben, der den Gitterboden dann zur Gänze verschließt. Ein breiter Flugschlitz – möglichst nicht höher als 7 mm – ist optimal, da die Beute automatisch mäusesicher ist und im Winter keinen zusätzlichen Mäuseschutz braucht.

Sinnvoll bei Holzböden ist ein Witterungsschutz der Stellfläche oder eine möglichst hohe und trockene Aufstellung der Beute. Empfehlenswert sind nivellierbare Beutenständer mit Gerüstfüßen, die sich gebraucht preiswert erstellen lassen (siehe Bild Seite 75). Wichtig ist bei allen Teilen eine saubere Verbindung, ohne Spalten und Lücken, sodass gerade Holzbeuten am besten komplett erworben werden sollten.

Bei den Segeberger Beuten gibt es ebenfalls verschiedene Bodenausführungen. In der Praxis haben sich Gitterböden und Böden mit einer kurzen Anflugnase besonders bewährt.

TIPP

Wählen Sie Deckel besser ohne Futterteigaussparung – ungenutzt wird die Aussparung schnell verbaut und unbedacht bei der Ablegerbildung eingesetzt, sorgt sie für das Vereinigen der Ableger. Futterteig findet dahingegen nur noch Anwendung, wenn die Flüssigfütterung nicht möglich ist (beispielsweise beim Transport von besetzten Bienenschaukästen).

BEUTENZUBEHÖR

Beim Beutenkauf sollte man auch an das Zubehör denken. Wer Honig mit Honigräumen gewinnen möchte, kommt um ein passendes **Absperrgitter** – am besten ein Rundstabgitter aus Edelstahl – nicht herum. Dieses verhindert das Anlegen von Brut in den Honigräumen und das Einwandern von Drohnen, die oft bei Verwendung der Bienenflucht zur Honigernte zum Problem werden. Ein solcher **Zwischenboden mit Bienenflucht** (Ringkanal oder Nicot-Raute) soll die bienenfreie Honigernte gewährleisten. Dies funktioniert nicht, wenn die dicken Drohnen die Passagen aus dem Honigraum blockieren.

Es gibt auch noch je nach Beutensystem verschiedene Varianten

Ein Bienenschaukasten zeigt den Querschnitt einer Großraumbeute, bestehend aus Brutraum (unten) und ddem vom Absperrgitter getrennten Honigraum.

von Innendeckeln zur besseren Belüftung (vor allem für Wanderimker interessant) und Zwischenböden (beispielsweise **Zwischenablegerboden** mit Flugloch), durch die man praktisch mehrere Völker übereinander stellen kann und zumindest für eine Weile Deckel und Boden spart.

Beim Kauf der Segeberger Beute muss man häufig an das Mitbestellen der **Auflageschienen** denken, die bei Holzbeuten in der Regel fester Bestandteil sind. Diese Schienen werden in die Aussparungen der Zarge gesteckt und tragen die Rähmchen. Während Holz-Auflageschienen Hitze (beispielsweise beim Ausschmelzen im Dampf) gut vertragen, werden sich Kunststoff-Auflageschienen verziehen. Dafür werden letztere wie auch die Ami-Schienen weit weniger stark verkittet und erlauben gutes Lösen der Rähmchen auch nach dem Winter.

Manche Imker nutzen bei ihren Holzbeuten auch **Folien oder Plexiglasscheiben**, die unter dem Deckel auf die Zargen aufgelegt werden – diese gestatten für den schnellen Eindruck auch ohne großen Wärmeverlust den Blick auf die Rähmchen. Zudem verhindern sie den Verbau mit dem Deckel. Solche Folien muss man jedoch nicht unbedingt fertig zugeschnitten im Fachhandel kaufen, sondern kann sie einfach selber aus dicker Bauabdeckplane anfertigen.

Empfehlung: ideale Beute für Großraum-Magazinimker

Für Holzliebhaber empfehle ich Dadant-modifiziert/US (kompatibel zu Langstroth) als bewährtes und weit verbreitetes Maß. Wenn Kunststoff kein Hindernisgrund ist und eine weitere Gewichtsersparnis gewünscht ist, dann lohnt der Blick auf die Segeberger DN 1,5-Beute mit Halbzargen oder (bei mehr Muskelkraft und weniger Zeit) Flachzargen. Gerade wenn die Umgebung im DN-Maß imkert, hat man damit weniger Kompatibilitätsprobleme als mit Dadant und die halben Rähmchen passen in nahezu jede Schleuder. Alternativ bietet sich auch noch die Frankenbeute an, die in Bezug auf Rähmchen-Kompatibilität besonders attraktiv ist – diese gibt es auch im Dadant-Maß.

Eine **Futterzarge** ermöglicht das bienenschonende Füttern, wie es nach dem Abernten oder bei starken Witterungseinbrüchen im Frühjahr notwendig und sinnvoll sein kann. Bei diesen Zargen sollte man auf eine breite Futteraufnahmefläche achten, wie es beispielsweise bei seitlichem Futtereinstieg möglich ist. Zudem dürfen die Bienen keinesfalls direkt in das Flüssigfutter gelangen, wo sie dann oft in großen Massen ertrinken. Solche Futterzargen lassen sich gut und ohne direkten Bienenkontakt kontrollieren und nachfüllen. Preiswerte Alternativen wie das Füttern im offenen Eimer, mit Stroh oder Ähnlichem als Schwimmkörper, werden zwar immer noch gerne praktiziert, sind aber nicht mehr als zeitgemäß zu betrachten. Sie fördern die Verschmutzung/das Verpilzen des Futters und bergen viele Risiken wie etwa das Ertrinken von Bienen. Es gibt auch spezielle Futtereimer, die die Bienen über ein feinmaschiges Netz von unten leeren können. Für ihren Einsatz braucht es jedoch eine ausreichend große Leerzarge, die unter Umständen stark verbaut wird, wenn der Eimer zu lange ungeprüft bleibt.

Das **Schied** ist ein für Dadant typisches Gerät, das jedoch auch bei allen anderen Großraum-Magazinbeuten genutzt werden kann (siehe Seite 84). Es lässt sich sehr einfach selber bauen.

Das **Mäusegitter** oder der **Fluglochkeil** ist bei allen Flugschlitzen mit mehr als 7 mm Höhe notwendiges Utensil im Winter – das Gitter kann man sich auch als Meterware kaufen und selber zurechtschneiden, um es dann mit Reißzwecken am Flugloch zu befestigen. **Schaumstoffstreifen** sind dahin gegen im Spätsommer praktische Hilfen zum Verengen der Fluglöcher, wenn z. B. Räuberei droht.

Die **Varroaschublade** („Windel") ist inzwischen auch fester Beutenbestandteil. Diese wird in der Regel unter dem Bodengitter eingeschoben und dient dazu, die herunterrieselnden Nestabfälle sowie

Zwischenböden mit verschiedenen Bienenfluchten – Ringkanal (links), Nicot-Route (mitte) und Sternflucht (rechts). Achten Sie auf nur kleine Löcher auf der anderen Seite des Zwischenbodens - bei 2-3 cm Durchmesser funktioniert die Flucht am besten.

auch die nach der erfolgreichen Milbenbekämpfung fallenden Milben aufzufangen und erfassbar zu machen.

Denken Sie beim Einkauf auch an die Ablegerbildung – ein **Ablegerboden** mit getrennten Fluglöchern samt Deckel, Zarge und **bienendichte Trennschiede** sollte mit auf die Einkaufsliste.

Eine dicht schließende **Wabentransportkiste aus Kunststoff** ist praktisch, um beispielsweise ausgesonderte, tropfende Waben bis zum Einschmelzen zu verwahren – leider bekommt man Kisten für diese großen Rähmchenmaße nicht immer im Baumarkt, sondern oft nur im speziellen Fachhandel für Lager- und Betriebsausstattungen.

(K)ein Rähmchen für alle Fälle: über Drahtung & Ohren

Über kaum ein Thema, außer vielleicht der optimalen Beute, der perfekten Varroabehandlung und die richtige Biene, können Imker so vortrefflich streiten wie über das richtige Rähmchen und seine korrekte Drahtung. Es gibt längs und quer gedrahtete Rähmchen oder gänzlich ohne Drahtung, mit oder ohne Einschlagöse, langen oder kurzen Ohren – eine schier endlose Vielfalt. Zu Ihrer Beruhigung: Keiner dieser Punkte kann den Erfolg Ihrer Imkerei ernsthaft beeinträchtigen.

DRAHTUNG

Die Drahtung – ob senkrecht oder waagerecht – stabilisiert den Wabenbau zusätzlich, was sich gerade bei den großformatigen Brutwaben der Großraum-Magazinbeuten deutlich bemerkbar macht. Im Allgemeinen wird die waagerechte Drahtung, von Seitenteil zu Seitenteil, empfohlen, da sich die durch die Drahtung belasteten

Holzteile immer etwas verziehen. Während dies beim Seitenteil kein Problem ist, wird beim Verziehen von Ober- und Unterträger der Abstand zur nächsten Zarge zu groß, und die Bienen werden Wachsbrücken errichten: Sie verbauen die Zargen miteinander. Bei entsprechend starken Ober- und Unterträgern tritt dieses Problem jedoch nicht mehr in Erscheinung.

Die Drahtung kann mit Edelstahldraht oder verzinntem Draht erfolgen:

- Edelstahl ist dicker, schwerer und umständlicher beim Einziehen, ist aber widerstandsfähig gegenüber den bei Behandlungen eingesetzten organischen Säuren und rostet nicht.
- Verzinnter Draht ist preiswerter, jedoch dünner und korrosionsanfälliger.

Wenn gedrahtet wird, dann sollte man nicht auf Ösen verzichten – diese werden in die Bohrungen der Rähmchen eingesetzt und verhindern, dass sich die harten Drähte in das weichere Holz schneiden und damit die Drahtspannung sinkt. Inzwischen bieten viele Händler Edelstahl-gedrahtete und -geöste Rähmchen zu sehr günstigen Preisen an, sodass sich Selbstbau und -drahtung nur noch begrenzt lohnen.

DAS RÄHMCHEN IN TEILEN

1. Oberträger

Der Oberträger ist der wahre Leistungsträger bei einem Rähmchen. An ihm hängt die Wabe und damit auch unter Umständen einige Kilogramm Honig. An den Seiten befinden sich die überstehenden Ohren, mit denen das Rähmchen auf den Auflageschienen liegt. Am Oberträger wird häufig der Stockmeißel angesetzt, mit dem die Rähmchen voneinander getrennt und heraushoben werden. Daher

Rähmchen putzen

Rähmchen nehmen nach schon einer Saison eine bienentypische Patina aus Wachs und Propolis an. Wer diese in einer alten Zarge mit einem Dampferzeuger ausschmilzt, sollte sie noch warm auf Zeitungspapier kräftig abklopfen, damit sich die letzten Reste lösen. Nach dem Abkratzen von Ohren und Hoffmann-Seitenteilen ist das Rähmchen wieder nutzbar. Das Putzen mit Natronlauge in einer alten Spülmaschine ist daher in der Regel überflüssig. Bei den meisten aus von Krankheiten befallenen Völkern (ab Seite 150) genügt es, wenn man sie nach dem Ausschmelzen über Nacht in kalter, 2 %iger Natronlauge einweicht und anschließend eine weitere Nacht wässert, ehe man sie trocknet und wieder zum Einsatz bringt.

Welche Abstandsregelung?

Die Hoffmann-Seitenteile haben den Vorteil, dass das nachträgliche Aufnageln von Abstandshaltern (Polsternägel oder andere Typen) entfällt, diese sich nicht verhaken oder verloren gehen können. Zudem sind sie für die Wanderung von Vorteil, da es beim Kippen der Beute kein Verschieben der Rähmchen gibt.
Der Nachteil ist, dass es bei der normalen Durchsicht eher zum Drücken von Bienen kommen kann und die breiten Kontaktflächen im Winter stark verkittet werden – dann ist gerade das Lösen im Frühjahr kräftezehrend.

sollte der Oberträger nicht zu zart besaitet daherkommen – gerade im Brutraum mit den großen Wabenformaten sind dicke Oberträger mit mindestens 13, besser 19 mm zu empfehlen.

Ein solcher Oberträger erträgt die senkrechte Drahtung auch wesentlich besser und verzieht sich so gut wie nicht. Eine eingefräste Rille auf der Oberseite lässt den Draht verschwinden. Bei den flachen Honigraum-Rähmchen kann der Oberträger graziler daherkommen. Wird das Rähmchen in Teilen gekauft, so kann man den Oberträger beim Zusammenbau drehen und die dann innen liegende Nut bietet die beste Voraussetzung für das Einsetzen von Wachsstreifen in der Naturbau-Imkerei (siehe Seite 90).

2. Seitenteile und Abstandsregelung

Die Seitenteile werden häufig unter Berücksichtigung der Querdrahtung auch in Hartholz angeboten; allgemein üblich ist jedoch die Ver-

Zusammengeschoben geben Polsternägel den idealen, bienengerechten Abstand zwischen den Rähmchen.

wendung von weicherem Nadelholz. Wichtiger als die Holzqualität ist jedoch die Frage der Abstandsregelung. Da die Rähmchen in der Zarge einen Abstand von 35 mm (gemessen zwischen den Mittellinien der Oberträger) einhalten müssen, ist es wichtig, diesen entweder über nachträglich aufgenagelte Abstandshalter oder aber über seitlich verbreiterte Seitenteile („Hoffmann-Seitenteile") einzustellen.

3. Unterträger

Der Unterträger erhält wohl die geringste Aufmerksamkeit beim Rähmchenkauf – gerade bei der senkrechten Drahtung ist jedoch eine ausreichend gute und starke Holzqualität notwendig. Für die Stabilität des Rähmchens ist es vorteilhaft, dass der Unterträger nicht einfach nur aufgenagelt, sondern in die Seitenteile eingenutet wird.

DICKWABENRÄHMCHEN

Insbesondere Dadant-Systeme sehen Dickwaben im Honigraum vor. Dazu werden Rähmchen mit rundum gleich starken Seitenleisten verwendet (keine Hoffmann-Seitenteile), die entweder mit einem in die Zarge integrierten Holzrechen oder dem Imkerdaumen auf Abstand eingehängt (ca. 45 bis 47 mm von Wabenmitte zu Wabenmitte) werden.

Verschiedene Rähmchen für den Honigraum (DN 0,5): Rähmchen mit rundum gleicher Holzbreite für Dickwaben und Entdeckelung mit dem Messer (hinten), Dickwabenrähmchen mit Hoffmann-Seitenteilen und genutetem Oberträger für den ungedrahteten Naturwabenbau (mitte) und klassisches Rähmchen mit ganzseitigem Hoffmann-Seitenteil (vorn).

Im Honigraum auf Abstand gesetzte Rähmchen führen zu Dickwaben, die mit dem Entdeckelungsmesser entdeckelt werden können.

Das ideale Rähmchen für Großraum-Magazine

Ich empfehle senkrecht mit Edelstahl gedrahtete Rähmchen mit starkem Oberträger und innenseitiger Nutung für die Mittelwandaufnahme. In solchen Rähmchen ist konventionelle wie Naturbau-Imkerei problemlos möglich.
In den flachen Honigräumen ist die senkrechte Drahtung angeraten, sofern überhaupt notwendig – bei DN 0,5 kann man auch im Naturbau auf die Drahtung verzichten. Gerade weil die flachen Honigräume mehr Rähmchen und Handhabung bedeuten, sollten Sie es mal mit Dickwaben versuchen – dazu müssen Sie die Rähmchen nur mit etwas Fingerspitzengefühl auf Abstand setzen, wenn sie keinen speziellen Kamm einsetzen wollen. Dann aber besondere Vorsicht beim Abheben der Zargen, damit sich nichts verschiebt und die Waben beschädigt. Vermeiden Sie aber, auf einem Volk Dickwaben und Normalabstände zu kombinieren – das gibt oft Verbau! Für die Abstandsregelung empfehle ich die Polsternägel, die das erschütterungsfreie Schieben und Ziehen der Waben erlauben.

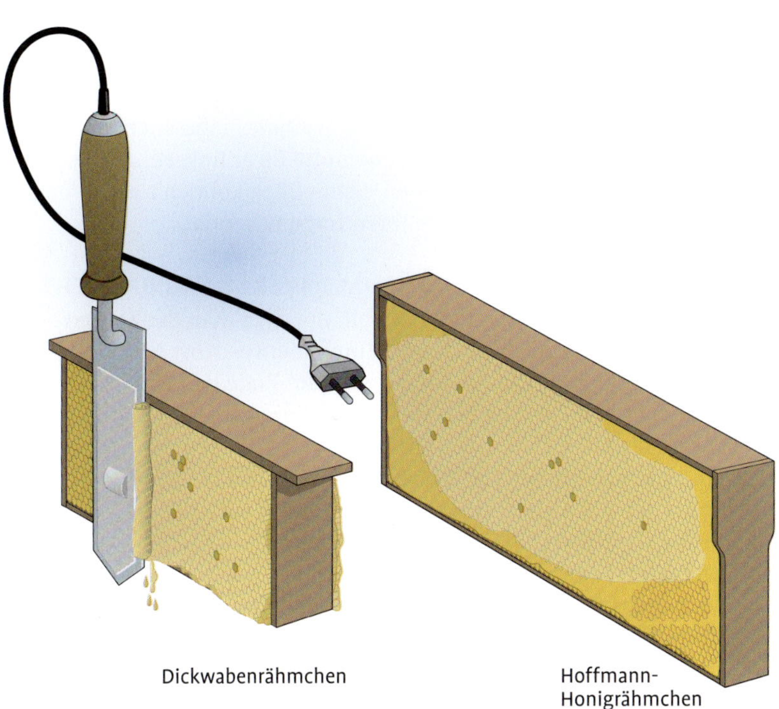

Dickwabenrähmchen (links) haben allseitig gleichstarke Rähmchenteile ohne Abstandshalter und werden durch Abschneiden des Überbaus entdeckelt. Dies funktioniert bei Rähmchen mit Hoffmann-Seitenteilen (rechts) nicht ganz so gut.

Abstandshalter sind bei Dickwaben eher unüblich, da sie beim Entdeckeln stören. Es werden daher weniger Rähmchen pro Zarge eingesetzt, als diese eigentlich an Platz bietet (je nach System 7 bis 10). Die Bienen ziehen im Versuch, den Bee Space einzuhalten, die Waben weiter aus.

Diese besonders dicken Waben fassen entsprechend mehr Honig und es wird bei der Ernte Material und Zeit gespart. Zur Entdeckelung bei der Honigernte wird dieser Überbau mit einer (am besten beheizten) Messerklinge (Entdeckelungsmesser) abgetrennt, was die Ernte sehr beschleunigt (siehe Seite 144).

Berufsimker, die mit Großraum-Magazinbeuten arbeiten, arbeiten dementsprechend häufig mit Dickwaben. Ein den Dickwaben oft vorgeworfener erhöhter Wassergehalt des Honigs konnten empirische wissenschaftliche Untersuchungen am Landesbieneninstitut Hohen Neuendorf übrigens nicht bestätigen. Jedoch sollte man generell der Honigreife vor der Ernte besondere Beachtung schenken. Übrigens erfordern auch Dickwabenrähmchen ein Absperrgitter, denn auch diese Waben werden manchmal bestiftet.

Dies und das: Wichtiges und weniger Wichtiges für den Einkaufszettel

Nach dem Beuten- und Rähmchenkauf steht noch ein wenig Zubehör-Shopping an. Vieles von diesem „Kleinkram" können Sie auch mit gutem Gewissen auf die Geburtstags- oder Weihnachtsgeschenkwunschlisten setzen, damit Freunde und Verwandte Ihrer Imkerei auch praktisch unter die Arme greifen können. Schließlich können sie sich dann in Kürze über frischen Honig von Ihren Immen freuen.

IMKERWERKZEUG: WAS MAN SO IM IMKERALLTAG BRAUCHT

Zum einen ist ein **Stockmeißel** sinnvoll, mit dem man die Zargen und Rähmchen voneinander trennt. Empfehlenswert ist ein Combi-Stockmeißel aus Edelstahl, der das gekröpfte Ende des „Ami-Stockmeißels" mit einem gebogenen Haken (Wabenheber) kombiniert.

Praktisch sind auch ein **Abkehrbesen** zum Abfegen von Waben und ein zweifach greifender **Wabenheber** aus Metall. Mit diesem kann man das Rähmchen am Oberträger ohne Verkanten heben. Achten Sie darauf, dass der Wabenheber auch für dicke Oberträger geeignet ist.

Ein schönes Geschenk für angehende Imker sind auch **Zeichenrohr** (besonders anfängersicher ist das neue Modell mit einem einzelnen Schlitz anstatt des üblichen Gitters), **Abfangclip** und ein **Set mit Plättchen** in den Jahresfarben zum Zeichnen der Königin. **Farbige Reißzwecken** sind ebenfalls praktische Hilfen für das Markieren bestimmter Rähmchen oder Zargen. **Zusetzkäfige** bekommt man oft gratis, wenn man sich eine Königin kauft, die kleinen Plastikkäfige lassen sich mit **Bienenfutterteig** „weich" verschließen. Für das Einlöten von Mittelwänden ist ein alter **Modelleisenbahn-**

Der Stockmeißel ist bei der Durchsicht unverzichtbar.

Das Zeichnen der Königin gelingt am besten mit einem solchen Zeichenrohr.

Transformator sehr praktisch. Unverzichtbar ist eine **Kofferwaage**, am besten digital und mit beleuchtetem Display, zum Wiegen der Völker.

Ein **Smoker** ist ebenfalls unverzichtbar. Hier gibt es verschiedene Preisklassen – vom teuren Dadant-Smoker bis hin zum preiswerten Bienenzeitungs-Neuabonnementen-Modell. Vom Prinzip her tut es auch ein einfacher Smoker, sofern er gut verarbeitet und stabil ist. Vor allem die Schweißnähte und Nieten sollten gut sitzen, scharfe Kanten und vorstehende Ecken und Spitzen darf der Smoker nicht haben. Der vielbenutzte Balg sollte aus Leder und nicht aus schnell ermüdendem Kunststoff sein und sich über Schrauben und Muttern vom Korpus lösen lassen.

Gut zu wissen

Gerne unerwähnt, aber ungeheuer wichtig sind **Notizmöglichkeiten** am Bienenstand – sei es nun eine Stockkarte mit abzuarbeitenden Spalten, das Smartphone mit der App des deutschen Imkerbundes (DIB) oder ein simples Schreibheft. Nur so können Beobachtungen und Handlungen volksweise notiert und später nachvollzogen werden. Auch eine einfache, preiswerte und geladene **Digitalkamera** sollte im Handgepäck sein.

STICHSCHUTZ IST ARBEITSSCHUTZ!

Das wichtigste Material ist und bleibt der **Stichschutz**. Auch wenn einige Imker immer wieder das „Imkern in Badelatschen" demonstrieren und sich abfällig über dicht vermummte „Astronauten" äußern und darin womöglich „angstfördernde Propaganda" wittern – Stichschutz ist aktiver Gesundheitsschutz.

Imker haben allein durch die erhöhte Disposition zu Stichen ein höheres Risiko eine Insektengiftallergie zu entwickeln und das selbst noch im hohen Alter – ein vermeidbares Ende der Imkerkarriere. Zudem kann selbst ein harmloser Stich zur falschen Zeit oder an falscher Stelle üble Folgen haben – wenn der Gestochene gerade mit schweren Honig- oder Bruträumen hantiert und diese womöglich fallen lässt oder stürzt!

GUT ZU WISSEN

Man darf nicht vergessen, dass der Stichschutz auch Arbeitskleidung darstellt – Propolis ist kaum erfolgreich aus Kleidung zu waschen und da ist ein Imkeroverall oder zumindest alte Arbeitskleidung angeraten.

Daher arbeiten Sie mit Stichschutz, wenn Sie sich dadurch sicherer fühlen. Es nützt nichts, wenn Sie aus Sorge vor Stichen zaghaft arbeiten und womöglich beim kleinsten Kribbeln am Hals oder in den Haaren versteinern oder um sich schlagen. Bienen sind und bleiben Insekten und auch die friedlichste und netteste Biene wird stechen, wenn sie sich in den Haaren verfängt.

Ein heller, an Hand- und Fußgelenken dicht schließender **Imkeroverall** mit langer Hose bietet zudem einen gewissen Schutz vor Zecken, die vor allem unter Imkern zur Verbreitung schwerer und manchmal sogar unheilbarer Krankheiten wie der Borreliose geführt haben.

Wichtig ist der gute, bequeme und lockere Sitz der Kleidung, die nicht zu knapp mit tiefen Taschen bestückt sein sollte. Sie sollte hell und gut zu waschen sein, eine robuste, schwere Baumwollqualität ist angeraten. Wichtig ist eine gute Verbindung zwischen **Schleier** und Oberteil. Besonders sicher sind Imkerhemden, bei denen der Schleier mit einem Reißverschluss am Oberteil befestigt ist – dann findet auch

Tipp: Schuhe für die Hände

Eine recht einfache Alternative sind Einweg-Handschuhen aus Latex oder Nitril. Diese erlauben den sensiblen Umgang mit den Rähmchen, sind aber nicht stichsicher, sodass der Lerneffekt zur Förderung des bienenschonenden Arbeitens erhalten bleibt. Dafür bleiben die Hände sauber und man kann selbst diese Einweg-Varianten mehrmals verwenden.
Man sollte stets nur nach puderfreien Handschuhen greifen – mit einem kleinen Tropfen Nelkenöl auf den Handschuhen hält man die Bienen zusätzlich auf Distanz. Doch dann sollte man die Hände nicht in die Honigräume stecken – das Nelkenöl riecht sehr dominant und kann den Honig beeinträchtigen!

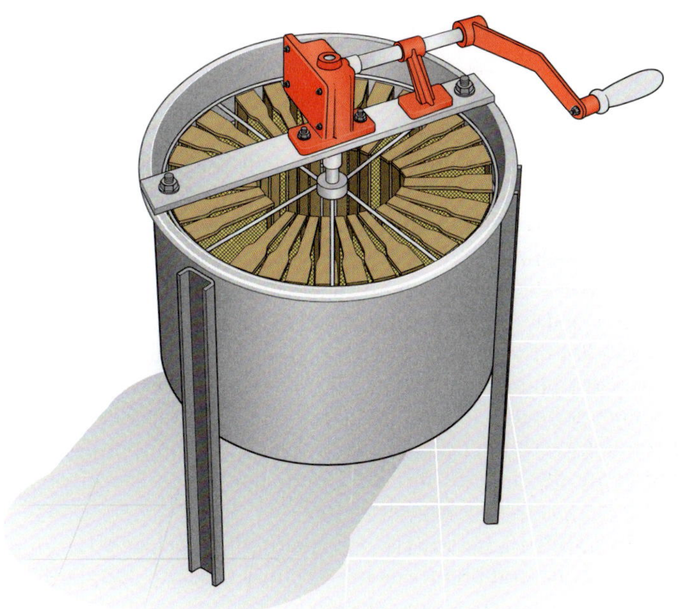

Eine Radialschleuder (oben) und eine Tangentialschleuder (unten) im Vergleich. Für die Großraum-Magazinimkerei mit den typisch niedrigen Honigrähmchen eignen sich beide Systeme gut.

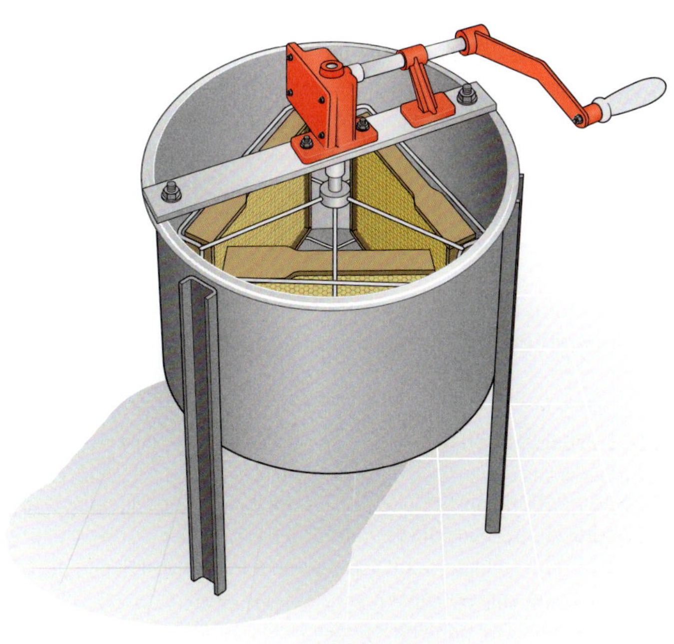

keine am Anzug hochkrabbelnde Biene den Weg hinein. Der Schleier selbst sollte dunkel sein, damit die Sicht möglichst wenig gestört wird. Gesichtsschleier sollten vorne eine dunklere Gaze haben, um bessere Sicht zu ermöglichen. Günstig sind die schlanken „Ami-Hauben", bei denen kein breitkrempiger Hut stört.

Die Frage nach **Handschuhen** wird durchaus kontrovers diskutiert – während die einen mangelndes Gefühl beklagen, ist es anderen einfach psychisch angenehmer, mit Handschuhen in die wuselnden Bienen zu fassen. Ein Problem an Handschuhen, vor allem wenn sie aus Leder sind, ist die Tatsache, dass die wiederholt in die Handschuhe erfolgenden Stiche dafür sorgen, dass diese nach und nach stark mit dem Alarmpheromon Isopentylacetat versetzt werden und die Bienen noch schneller in Stichlaune kommen. Zudem werden sie recht schnell durch die Propolis-Verschmutzung unansehnlich, schützen auf der anderen Seite aber die Hände vor diesem klebrigen Stoff.

LÄSST DEN HONIG FLIESSEN: HONIGSCHLEUDERKAUF

Die Schleuder ist und bleibt das mit Abstand teuerste Standardgerät für die Imkerei – es lohnt sich faktisch für die meisten Imker kaum, ein solches Gerät zu kaufen. Während der zwei bis vier Schleuderungen im Jahr wird es nur wenige Tage im Jahr genutzt und kostet dafür bei Neukauf diverse Hunderte bis Tausende Euro.

Prüfen Sie also zunächst, ob Sie sich dieses Gerät nicht zusammen mit ein paar Kollegen kaufen können oder Sie die Schleuder eines Kollegen verwenden dürfen. Manche Vereine bieten auch gemeinsame Schleudertermine oder Schleuderverleih an.

Wer noch gar nicht sicher ist, ob er überhaupt größere Mengen Honig gewinnen will, kann mit dem Schleuderkauf auch getrost warten – man kann Honig auch als Wabenhonig, Presshonig oder Tropfhonig mit weit weniger Geräteaufwand (allerdings auch mit einer geringeren Ausbeute und in der Regel unter Opferung des Wabenbaus) ernten.

Wenn es dann doch die eigene Schleuder werden soll, ist genaues Hinschauen und Prüfen angesagt. Im Gegensatz zu den Beuten kann

Gut zu wissen

Die Verarbeitung, Reinigung und Reparaturmöglichkeit der Schleuder sind wichtige Kriterien, aber auch die Betriebssicherheit. Heben Sie die Schleudern auch einmal kurz an – ein gewisses Eigengewicht ist von Vorteil und die Schleuder sollte eine angenehme Bedienhöhe haben. Der Auslaufstutzen sollte wirklich am tiefsten Punkt der Schleuder liegen, aber darunter noch genug Platz für mindestens einen 12,5-kg-Eimer mit Doppelsieb lassen.

Selbstwendeschleuder mit Wabentaschen für 3x DN 0.5 (links), 1x DN 1.5 (mitte) oder 1x DN (rechts).

man Schleudern recht gut gebraucht kaufen – wichtigstes Kriterium ist das Material, die Zeiten von Emaille und verzinkten Schleudern ist endgültig vorbei. Ausschließlich Edelstahlschleudern sind kaufwürdig und werden auch noch einen gewissen Wiederverkaufswert behalten.

Es gibt verschiedene Schleudertechniken wie Radial-, Tangential- oder Radschleudern, die jeweils entweder mit Handantrieb, Motor und gegebenenfalls sogar mit Selbstwendevorrichtung aufwarten. Die Entscheidung ist nicht ganz einfach und man sollte sich die Mühe machen, sich diese Geräte bei einem größeren Händler auch mal zeigen zu lassen.

Für den Großraum-Magazinimker ist es zunächst wichtig zu klären, ob nur die Honigräume oder auch mal Brutraumwaben zu schleudern sind. Während für erstere nahezu jede Schleuder zur Verfügung steht, ist es bei den großformatigen Brutraumwaben schon schwieriger. Allerdings ist es manchmal von Vorteil, wenn man auch diese Formate schleudern kann – etwa wenn ein Volk aufgelöst werden musste und die vollen Futterwaben vor dem Winter nicht mehr anders verwertet werden können.

Für die niedrigen Honigraum-Rähmchen ist eine **Radialschleuder** eine gute Lösung, da mit dieser technisch unaufwendigen Lösung gleichzeitig beide Seiten geleert werden können und sie viele Rähmchen schlucken. Für die großformatigen Brutraumwaben ist hingegen

Tipp: Schleuderkauf

Kaufen Sie eine Edelstahlschleuder, die ruhig etwas größer und besser ausgestattet ist, als Sie es brauchen – wenn die Imkerei Spaß macht, stößt man mit einer handgetriebenen Schleuder womöglich schnell an die Grenze. Wer günstig kaufen will, sollte sich Radialschleudern mit möglichst großem Kesseldurchmesser anschauen. Ist mehr Komfort gewünscht und spielt Geld eine weniger große Rolle, kann zur motorgetriebenen Tangentialschleuder mit großen Wabentaschen (ideal wäre natürlich eine Selbstwendeschleuder) greifen.
So eine Schleuder werden Sie bei Bedarf später auch besser verkaufen können, da sie alle Formate verarbeiten kann.

eine **Tangentialschleuder** schonender, vergitterte Wabentaschen schützen vor Wabenbruch.

Ob mit oder ohne Motor ist Geschmackssache – optimal ist ein Gerät, das sowohl manuell als auch mit Motor angetrieben werden kann. So ist man auch für den Fall gewappnet, dass die Schleuder zum Schleudertermin ausfällt. Eine programmierbare Selbstwendeschleuder bietet die Chance auf weiteren Zeitgewinn, da das manuelle Wenden entfällt. Gerade bei den Großraum-Magazinbeuten mit den kleineren Honigräumen hat man mit mehr Rähmchen zu arbeiten und sollte die Möglichkeiten nutzen, durch eine entsprechend ausgestattete Schleuder Arbeitsaufwand zu minimieren.

Lassen Sie sich bei den motorgetriebenen Schleudern auch die Steuerung zeigen – besonders bei Selbstwendern ist es vorteilhaft, wenn man den Programmablauf selber gestalten kann. Im Leerlauf sollte die Schleuder auch bei hoher Umdrehungszahl einen ruhigen und gleichmäßigen Lauf haben und keine Unwucht zeigen.

HONIG SIEBEN, RÜHREN UND ABFÜLLEN

Für die Honigpflege und -bearbeitung sind nur wenige Geräte nötig. Für den Eigenbedarf genügt ein simples Küchensieb, doch wer den Honig verschenken oder verkaufen will, sollte in ein gutes Doppelsieb aus Edelstahl und feine Spitzsiebe investieren.

Für Honigtransport und -lagerung genügen lebensmittelechte, dicht schließende Eimer mit Deckel, die 12,5 bis 25 kg Honig fassen können. Ungeeignet sind jedoch gebrauchte Ketchup-Eimer aus der Gastronomie o. Ä., da diese auch nach vielen Wäschen immer noch stark würzig riechen und damit den Honig beeinträchtigen.

Das Rühren mit dem Holz-Dreikantstab ist nicht mehr zeitgemäß. Besser als Schaumlöffel oder Kelle sind Honigrührer aus Edelstahl, wie der bekannte „Auf-und-Ab“ oder der „Rapido“.

Eine Abfüllkanne aus Edelstahl ist bereits teurer Luxus, jedoch bei größeren Mengen unumgänglich – sie eignen sich auch besser zum Rühren als Plastik-Eimer, da hier nicht die Gefahr von Abrieb besteht. Hier sollten Sie nur in dicht schließende Varianten mit Spannverschlüssen und nicht in einfache Stülpdeckelgefäße investieren – darin kann der Honig bedenkenlos über Wochen gelagert werden.

Haben Sie Bienen? Bienen kaufen oder finden

Dank des Internets lassen sich Bienen heute genauso einfach kaufen wie ein Buch bei Amazon oder Nippes bei Ebay. Viele Imker und Züchter haben inzwischen Internet-Shops, wo man von der Königin bis hin zum Kunstschwarm alles bestellen kann und per Post beliefert wird. Allerdings lässt sich die Qualität nur schwer bewerten – gerade für Anfänger ist das sehr schwierig – und richtig preiswert sind diese Angebote in der Regel nicht.

FAST KOSTENLOS BIS UMSONST: SCHWARMFANG

Es gibt nichts Schöneres, als die Imkerei mit einem oder mehreren Schwärmen zu beginnen. Es gibt wohl kein Spektakel, bei dem man so sehr in das Wunder „Bien“ eintauchen kann. Der erste Schwarmfang ist wie ein imkerlicher „Initiationsritus“, der vor allem auf die Außenstehenden großen Eindruck macht, aber eigentlich recht ungefährlich ist – bis auf das Risiko, von der Leiter zu fallen oder einige Stiche abzubekommen.

Zudem sind Schwärme häufig sehr preiswert oder bei Selbstfang sogar umsonst zu bekommen. Schwärme kann man über Vereinskollegen beziehen oder direkt von den meist weniger glücklichen „Schwarmbesitzern“, wenn man sich zuvor als Schwarmfänger bei der örtlichen Feuerwehr und der Polizei gemeldet hat.

Während der Imkerkollege einen Bienenschwarm in der Regel schon fertig verpackt abgibt, ist der Selbstfang schon etwas aufwen-

Wenn die Schwarmmeldung kommt …

Lassen Sie sich von dem Anrufer Namen und Telefonnummer geben – so können Sie unterwegs nachfragen, ob der Schwarm noch da ist. Fragen Sie vorher nach, wie hoch der Schwarm hängt und seit wann er sich dort gesammelt hat. Klären Sie auch, ob der Schwarm überhaupt erreichbar ist und ob es eine Leiter vor Ort gibt – wenn nicht, dann helfen auch gerne mal die Feuerwehren, sofern der Schwarm auf öffentlichem Grund hängt oder eine Gefährdung darstellt. Lassen Sie zu hoch sitzende Schwärme lieber ziehen – die eigene Sicherheit geht vor!

diger. Bis sich der Schwarm in Ihrer Schwarmfangkiste gesammelt hat, können schon einige Stunden vergehen – planen Sie also etwas Zeit ein oder einen zweiten Besuch am Abend.

Das brauchen Sie ...
Die Ausrüstung besteht aus Stichschutz und Schleier, einer Blumenspritze mit Wasser, einem Bienenbesen und einer Schwarmfangkiste. Dies kann ein einfacher Karton sein, doch besser sind gut schließende Kisten aus Holz mit Tragegurt und großflächigen Gazegittern an den Seiten. Bitte keinesfalls dicht schließende Kästen aus Kunststoff oder Styropor nehmen, denn in diesen Kästen „verbraust" der Schwarm sehr schnell: Die aufgeregten Bienen produzieren sehr viel Wärme, dadurch überhitzt und erstickt das Volk regelrecht.

Notfalls tut es auch ein großer Eimer, der nach dem Fang mit einem Absperrgitter abgedeckt wird. Wenn möglich, sollten Sie die Schwarmfangkiste im leeren Zustand wiegen und das Gewicht darauf notieren – so können Sie später das Gewicht und damit die Stärke des Schwarms ermitteln. Praktisch ist weiterhin eine Astschere, damit man den Schwarm gleich samt Ast abschneiden kann.

Schwarmfang ...
Zunächst wird der Schwarm von allen Seiten inspiziert – mit etwas Glück kann man manchmal sogar die Königin außen auf der Schwarmtraube laufen sehen. Sie fällt durch ihre besondere Hektik auf, mit der sie sich über die dicht gepackten Bienen bewegt. Wenn Sie Glück haben, ist es sogar eine vom Vorbesitzer bereits gezeichnete Altkönigin.

Mit einem Abfangclip können Sie das kostbare Stück gleich einfangen und in die Schwarmfangkiste hängen. Doch auch dies ist keine Garantie dafür, dass die Bienen sofort freiwillig in Ihre Schwarmfangkiste umziehen. Manche Schwärme haben mehrere

Sterzelnde Bienen verteilen mit schwirrenden Flügeln den Stockduft, damit sich das Volk sammeln und sich die Arbeiterinnen orientieren können.

Sperrbereiche kennen und meiden

Informieren Sie sich vor dem Schwarmfang über bestehende „Faulbrutsperrgebiete". Diese Sperrgebiete werden nach dem amtlich festgestellten Ausbruch der Amerikanischen Faulbrut festgelegt und bestehen in der Regel einige Monate. Im örtlichen Amtsblatt oder über das Veterinäramt können Sie sich darüber informieren.

In und aus diesen Bezirken dürfen keine Bienenvölker oder deren Bestandteile verbracht werden. Während ein gefangener Bienenschwarm ansonsten ohne Gesundheitszeugnis verbracht werden darf, sollte in im Sperrbezirk gefangener Schwarm auch dort einquartiert werden und verbleiben, bis die Bienen untersucht und der Sperrbezirk aufgehoben wurde.

Königinnen und zudem braucht es eine ganze Weile, ehe die Bienen ihren Weg zu der Königin gefunden haben.

Ob Sie die Königin nun vorher finden oder nicht – so helfen Sie den Bienen beim Umzug in die Kiste:

- Zunächst wird der Schwarm mit fein zerstäubtem Wasser besprüht. Dadurch ziehen sich die Bienen eng zusammen und Sie können sie durch einen kurzen kräftigen Stoß auf den Ast einfach direkt in die Kiste abschütteln. Hierbei hilft auch der Abkehrbesen, wobei es darauf ankommt, möglichst schnell möglichst viele Bienen in die Kiste zu bekommen.
- Bei Bedarf sollten Sie den Schwarm vorher etwas freischneiden und umstehende Äste so weit kürzen, dass Sie die Kiste direkt unter den Schwarm bugsieren können. Sie können auch den Schwarm samt Ast abschneiden – die Bienen bleiben friedlich daran hängen, sofern das Ganze nicht zu sehr erschüttert wird.
- Dann stellen Sie den Kasten mit dem einlogierten Schwarm direkt in die Nähe der Schwarmsammelstelle, jedoch möglichst schattig. Er sollte dabei ein kleines Flugloch haben, da Sie am Verhalten der an- und abfliegenden Bienen schnell erkennen, ob die Königin im Kasten ist.
- Wenn alles gut gegangen ist, sammeln sich die Bienen allmählich im Kasten. Man kann regelrechte „Sterzelstraßen" sehen, bei denen die Bienen Reihen bilden, den Hinterleib in die Luft strecken und mit den Flügeln fächeln. Bei diesem Sterzeln verbreiten die Bienen den auch für den Menschen wahrzunehmenden, angenehmen Schwarmduft, der den Schwarm zusammenhält und den Weg zur Königin weist.
- Selbst wenn man die Königin nicht gleich mitgefangen hat: Ist der Großteil des Schwarms im Kasten gefangen worden, so fliegt

Ein Bienenschwarm zieht über eine Rampe in sein neues Heim – eine erhöht aufgestellte Beute – ein.

die Königin in der Regel zu und versucht, zu ihrem Volk in den Kasten zu krabbeln. Daher sollte man vor allem die Gitterseite des Kastens gut beobachten, um die Königin ggf. zu fangen und gezielt zuzusetzen. Dann geht das Sammeln im Kasten noch schneller.

- Die Sicherung des Fluglochs mit einem Stück Absperrgitter verhindert den erneuten Auszug des Schwarms. Spätestens am Abend ist der Schwarm vollständig im Kasten und man kann ihn fest verschließen und nach Hause tragen.

Gefangen – und dann?

Als Vorsorge gegen die gefährliche Faulbrut wird empfohlen, den Schwarm mindestens ein bis zwei Nächte an einem kühlen, dunklen Ort hungern zu lassen. Schwärme sollten während dieser Zwangspause in der Regel nicht gefüttert werden – sie haben ausreichend Futter an Bord. Ein gelegentliches leichtes Ansprühen mit Wasser durch das Gitter ist jedoch zu empfehlen.

Zudem können Sie den Schwarm nun auch gut gegen die Varroamilbe behandeln. Eine Träufelbehandlung mit Oxalsäure putzt diese lästigen Mitesser herunter (siehe auch Seite 163). Die Hungerphase erschwert dem Schwarm auch das unerwünschte Wiederausziehen aus der Beute, was gelegentlich vorkommt.

Am nächsten Tag sollten Sie den Bienen aber endlich etwas zu tun geben. Dazu werden zunächst zwei leere Honigraumzargen (in etwa das Volumen einer DN-Ganzzarge) auf den Boden der Beute gestellt und der Schwarm hineingeschüttet. Der seuchenhygienisch bessere Weg ist es übrigens, den Schwarm über ein fluglochbreites und bis zum Boden reichendes Brett selber in die fertig vorbereitete und eingerichtete Beute einlaufen zu lassen. Dann wird die fertig vorbereitete Brutraumzarge samt Rähmchen und Deckel aufgesetzt. Das Flugloch kann natürlich schon freigegeben werden. Der Schwarm steigt zügig in die Brutraumzarge, sodass die leeren Zargen nach einer Woche entfernt werden können. Dann können Sie auch mal hineinschauen, ob die Königin stiftet, und sie dann gegebenenfalls zeichnen. Anschließend braucht es in der Regel keine besondere Pflege – eine Fütterung ist allenfalls dann nötig, wenn plötzliche Kälteeinbrüche oder eine verhagelte Blüte die Selbstversorgung der Bienen in Frage stellen. Eine Durchsicht nach etwa sieben Tagen sollte Wabenbau und erste Brut zeigen. Also ganz leicht, so ein Schwarmfang, und Sie ernten dabei in der Regel viel Applaus der staunenden Zuschauer – probieren Sie es doch einfach mal aus. Beim ersten Mal geht es mit einem erfahrenen Kollegen an der Seite natürlich leichter.

Schwarmfang für Fortgeschrittene

Manche Schwärme lassen sich nur schwer bergen – ein zu Boden gegangener Schwarm im Rasen lässt sich nicht abfegen oder abschütteln. Hier können Sie sich – sofern verfügbar – mit einer Brutwabe mit junger offener Brut behelfen, die in die vorbereitete Brutraumzarge gehängt wird. Diese wird dann einfach über den Schwarm gestellt. Die pflegewilligen Schwarmbienen werden die Wabe schnell

Das Seifertsche Schwarmfangrohr

Im Internet lassen sich viele pfiffige Lösungen zum Fangen hoch sitzender Schwärme finden. Henry Seifert stellte im Imkerforum das Schwarmfangrohr vor, das aus zusammengesteckten, 1- bis 2-m-Abwasserrohren (unterstes Stück nur 50 cm) besteht.
Die Dichtringe werden entfernt und die Muffenseite zum Boden gerichtet. Über das untere Ende wird ein Damen-Nylonstrumpf oder Schwarmfangbeutel aus der Korbimkerei gesteckt. Ein oben aufgestecktes Reduzierstück fungiert als Drucksprüher-Halter und Trichter, mit dem man in die Bienentraube stößt.
Die Bienen fallen im Rohr herunter und landen im Nylonnetz. Dann wird das untere Rohr abgenommen und gedreht, sodass die Bienen in die bereitgestellte Schwarmfangkiste rutschen. Auf diese Weise wurden ohne Leiter bereits Schwärme aus mehr als 6 m Höhe geborgen.

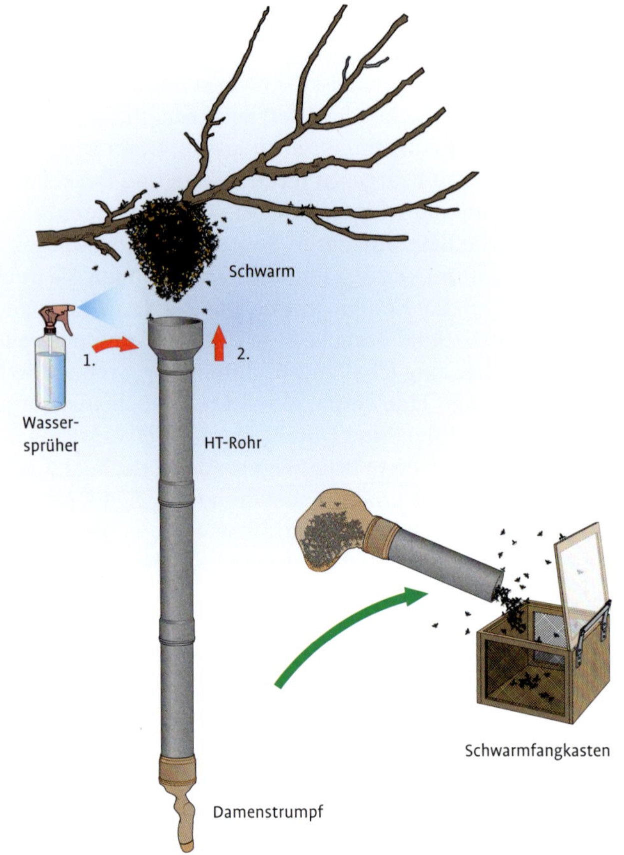

Das Prinzip des „Seifertschen Schwarmfangrohrs" hat sich für freihängende, unbehindert von Ästen sitzende Schwärme in höherer Lage bewährt. Anstelle des Damenstrumpfes lässt auch ein Schwarmfangsack aus der Korbimkerei verwenden, in dem der Schwarm bis zum Einschlagen in die Beute luftig hängend verwahrt bleibt.

belagern und den Schwarm nach oben locken, sodass sie dann samt Zarge abtransportiert werden können.

Ist ein Schwarm bereits in einem Hohlraum eingezogen, lässt er sich nur noch sehr schwer und nur unmittelbar nach dem Einzug zum Auszug bewegen. Eine Methode ist das regelrechte intensive „Ausräuchern" mit dem Smoker, während andere gute Erfahrungen mit vor dem Flugloch gesetzte Kästen mit junger Brut gemacht haben, in die das Volk allmählich umziehen soll.

Diese Methoden funktionieren nur, wenn das Volk noch nicht lange sesshaft ist – etablierte Völker lassen sich nur durch direktes Ausschneiden der Waben bergen, eine sehr klebrige und für alle sehr stressige Aktion. Bei solchen Völkern ist es besser, der Natur freien Lauf zu lassen, sofern ihr Sitz keine Probleme verursacht. Da Honigbienen keinen Schaden anrichten, ist dies meist auch im Interesse des Hausbesitzers. Sollte das Volk den Winter nicht überstehen, hinterlässt es meist nur leere Wachswaben, die nicht entfernt werden müs-

An einer festen Schnur wird die Brutwabe zum Schwarm hochgezogen.

Nachdem sich der Schwarm schützend um die Beute gesetzt hat, kann er samt Wabe abgestellt und einlogiert werden.

Staubsauger für Bienenschwärme?

Manche Imker haben Schwärme mit einem Staubsauger und einem davor eingesetzten und ausgepolstertem Ascheabscheider (aus dem Baumarkt) erfolgreich geborgen. Ich selbst habe auch schlechte Erfahrungen damit gemacht, denn die aufgeregten Tiere schlagen sich zuvor hektisch den Bauch voll und erbrechen diesen Honig beim Einsaugen. So verklebt überstehen sie den Umzug nur noch schlecht. Die Methode sollte wirklich nur die letzte Wahl sein, wenn es keine schonenderen Alternativen gibt. Dann sollte man sehr zügig arbeiten und die Tiere innerhalb einer Stunde wieder aus dem Ascheabscheider befreit haben.

sen. Allerdings sollte das Flugloch nach dem Tod des Volkes bienendicht verschlossen werden.

Gerade Schwärme mit jungen, unbegatteten Königinnen (Nachschwärme) zieht es oft in die Höhe und dann sitzen sie in hohen Pappeln und Birken. Hier kann man die „Robin-Hood-Methode“ anwenden, sofern es die Örtlichkeiten zulassen und man niemanden gefährden kann: Dazu braucht es einen Sportbogen und Pfeile. An der Spitze des Pfeils wird eine Angelsehne befestigt, die großzügig (!) und ohne Schlaufen und Knoten abgespult wird. Der Pfeil wird über den Ast geschossen, an dem der Schwarm hängt.

Schließlich wird eine feste, nicht zu schwere und dicke Schnur, etwa aus dem Segelbedarf, an der Angelsehne befestigt. Diese kann man dann mit einer daran befestigten Brutwabe mit junger, offener Brut (keine Eier, keine dicken Honigkränze) über den Ast bis zum Schwarm hochziehen. Bei direktem Kontakt wandert die Schwarmtraube zügig auf die Wabe und lässt sich spätestens am nächsten Tag einfach abseilen – ein Aufwand wirklich nur für lohnende Schwärme in der Nähe! Inzwischen wurden schon Drohnen (ferngesteuerte Fluggeräte) erfolgreich zum Schwarmfang verwendet. Allerdings braucht es dazu üblicherweise eine spezielle Genehmigung.

KAUFEN MIT DEM GÜTESIEGEL – VÖLKER UND ABLEGER KAUFEN

Viele alteingesessene Imker empfehlen, die Imkerei mit dem Kauf eines sogenannten Ablegers oder eines Wirtschaftsvolkes zu beginnen. Manche Imkervereine oder Imkerpaten geben solche Völker automatisch oder leihweise an ihre „Lehrlinge“ ab. Allerdings ist es gerade für einen Großraum-Magazinimker sehr wahrscheinlich, dass das mitverkaufte Rähmchenmaß nicht dem Format entspricht, auf dem man das Volk zukünftig führen möchte. Dann muss man die Bienen noch umwohnen (siehe Seite 118).

Ein ganzes Volk zu kaufen hat durchaus gute Gründe:

- Solche Völker werden mit einem Gesundheitszeugnis verkauft, sodass Sie keine bösen Überraschungen fürchten müssen.
- Sie können sich das Volk vor dem Kauf gründlich anschauen und sicher sein, eine gezeichnete und fitte Königin im Volk zu haben.
- Sie erhalten die gesamte Brut und das Wabenwerk, was beim Schwarm erst noch errichtet werden muss.

Bei der Durchsicht zeigt sich auch, ob die Eigenschaften stimmen, während ein Bienenschwarm eher einem Überraschungsei gleicht und man nicht immer sicher sein kann, was man bekommt.

DURCHSICHT VORAUSGESETZT

In den Kleinanzeigen, im Internet oder in den Imkerzeitungen werden rund ums Jahr Bienenvölker angeboten. Kaufen sollten Sie sie jedoch erst, wenn die Witterung eine ordentliche Durchsicht ermöglicht. Besonders Anfänger sollten bei der Durchsicht einen erfahrenen Imker zur Seite haben, da die Bewertung eines Bienenvolkes nicht ganz einfach ist.

Sie sollten die Bienen von einem Imker aus Ihrer Region kaufen, da Sie auf diese Weise eine standortgerechte und gut angepasste Linie erwerben. Daneben spielen Jahreszeit und Rähmchenmaß bei der Bewertung von Volksgröße und Brutnestausdehnung eine Rolle.

- Suchen Sie die Königin, die gezeichnet und intakt sein sollte.
- Achten Sie auf den Bienensitz – auch beim (vorsichtigen!) Drehen und Wenden der Wabe sollten die Bienen gleichmäßig verteilt auf der Wabe sitzen bleiben und nicht auffliegen oder sich hektisch auf dem Honigkranz sammeln.

GUT ZU WISSEN

Gekaufte Bienen müssen mit einem aktuellen Gesundheitszeugnis ausgestattet sein – es gilt 9 Monate seit Ausstellung, wobei diese nicht vor dem 1.9. des Vorjahrs erfolgt sein darf. Ein zwischen dem 1.9. und 31.12. ausgestelltes Zeugnis gilt dahingegen in der Regel bis zum 31.8. des Folgejahres.

Kunstschwärme

Bereits im Winter werden Kunstschwärme angeboten, deren Herkunft nicht immer nachvollziehbar ist. Solche Kunstschwärme werden gerade in Jahren mit hohen Winterverlusten entsprechend früh und teuer angeboten.

Sie sollten den Bienenimport nicht unterstützen – zum einen hat die weltweite Verschleppung der Varroamilbe schon gezeigt, dass mit Bienen auch andere Untermieter Huckepack reisen können. Der Kleine Beutenkäfer *Aethina tumida* wurde bereits nach Italien verschleppt. Die Larven des Käfers fressen sich durch das Wabenwerk der Bienen und haben in den USA bereits für hohe Verluste gesorgt. Zum anderen erhalten Sie klimatisch nicht unbedingt angepasste Bienen.

Als Hobby- oder Nebenerwerbsimker können Sie ruhig mit dem Kauf warten – ein paar Wochen später bekommen Sie Bienen günstiger an allen Ecken!

Nette Bienen bleiben beim Öffnen der Beute in den Wabengassen und schauen einen an.

- Das Brutnest auf den Wabenflächen sollte dicht gepackt sein und keine größeren Lücken oder stark unterschiedliche Entwicklungsstadien nebeneinander aufweisen. Normalerweise wird das Brutnest zunächst kreisförmig von der Wabenmitte nach außen ausgedehnt; ausgehend von einer zentral gelegener und gut mit Bienen besetzten Startwabe.
- Das Wabenwerk sollte möglichst hell sein, im Sonnenlicht sollten die Umrisse einer dahinter gehaltenen Hand zu erkennen sein.

TIPP

Wenn Sie sich für den Kauf entscheiden, so lassen Sie sich eine Kopie des Gesundheitszeugnisses und einen Kaufbeleg mitgeben, damit Sie die Herkunft nachweisen können. Dort sollten auch Art und Datum der letzten Varroabehandlung sowie die amtstierärztliche Registrierungsnummer des Bienenstandes angegeben sein.

Prüfen Sie genau – leider ist selbst ein Gesundheitszeugnis kein Garant für gesunde Bienen!

Sprechen Sie mit dem Verkäufer über seine Betriebsweise und seien Sie vorsichtig, wenn die Bienen im Auftrag Dritter verkauft werden sollen oder es sich bei dem Verkäufer womöglich um einen Erben handelt, der von Bienen und Imkerei keine Ahnung hat.

Klären Sie, wie oft nach den Bienen geschaut wurde und ob es am Bienenstand irgendwelche Auffälligkeiten gab. Schauen Sie sich dabei auch diskret um: Auf einem gut gepflegten Bienenstand sollten Sie keinen leeren, offenen Beuten oder achtlos hingeworfene Rähmchenstapel entdecken.

Führen Sie mit dem Verkäufer ein lockeres Gespräch über beliebte imkerliche Themen wie die Schwarmverhinderung, die Varroabekämpfung oder die Einwinterung – neben manch gutem Tipp können Sie so eine Einschätzung seines imkerlichen Fachwissens erhalten. Besonders aktive Imker werden Sie auch mit eigenen Websites im Internet finden, sodass Sie dort einen Eindruck erhalten können. Der kürzeste und meist auch günstigste Weg zu eigenen Bienen ist über die Mitgliedschaft in einem Imkerverein. Dort gibt es immer Kollegen, die überzählige Völker und Schwärme abgeben.

Ein Platz für meine Bienen

Die Frage nach dem „Wohin“ sollten Sie nicht zu spät klären. Hierbei geht es nicht nur um einen Stellplatz für die Bienen, sondern auch für das notwendige Zubehör. Eine Honigschleuder wird nur zwei bis drei Mal im Jahr benötigt und braucht auch für den Rest der Zeit einen trockenen und sauberen Stellplatz. Dazu kommen Zargen (womöglich noch mit klebrigen Waben gefüllt), die den Winter trocken und unbemerkt von Ameisen und Co. verbringen sollten. In einer kleinen Mietwohnung mit Kellerverschlag kann es dann schon knapp werden.

Daher: Kalkulieren Sie nicht zu knapp – auch wenn es nur ein Volk werden soll, sammelt sich über kurz oder lang ein recht umfangreiches Zubehör an. Vor allem als Anfänger freut man sich über die

Ein guter Beutenbock besteht aus kesseldruckimprägnierten Vierkant-Hölzern, die auf höhenverstellbaren Gerüstfüßen gelagert werden. Damit können die Beuten auf eine geeignete Arbeitshöhe gebracht und lotrecht ausgerichtet werden.

Zweitwohnsitz für die Bienen

Wer die Möglichkeit hat, sollte nicht nur einen, sondern gleich zwei Bienenstellplätze ausfindig machen. Wichtigstes Kriterium ist ein Mindestabstand zwischen den beiden von 5 km Luftlinie und die Lage außerhalb bienenseuchenrechtlicher Sperrbezirke. Dorthin lassen sich Ableger verbringen, ohne dass ihre Flugbienen zum Muttervolk zurückfinden.
Natürlich geht die Bienenhaltung auch an nur einem Standort – es erhöht aber das Risiko von Räuberei und Ableger wie Kunstschwärme müssen etwas stärker gebildet werden als eigentlich notwendig.

Zuwendungen aus imkerlichen Nachlässen oder gutmeinenden Vereinskollegen. Man wird den einen oder anderen Fehlkauf verstauen müssen, weil er zum Wegwerfen dann doch zu schade ist und man es „vielleicht irgendwann" mal brauchen könnte. Aber sicherlich der wichtigste Punkt ist: „Wohin mit den Bienen?"

WO SICH BIENEN WOHLFÜHLEN

Honigbienen mögen es angenehm warm, gut geschützt und trocken. Sie schätzen zumindest für einen Teil des Tages die direkte Sonne, wobei dieser Teil nicht unbedingt die Mittagszeit mit der großen Hitze abdecken sollte.

Ungünstig ist die Lage direkt an einem Gewässerrand oder ein Standort in einer Senke, in der sich die kühle Nachtluft lange hält. Ein ständig starker Wind erschwert den Tieren den Anflug, sodass Sie solche Windkanäle ebenfalls als Aufstellungsort meiden sollten. Vor diesem Hintergrund sind Hochhausdächer und hochliegende Balkonbrüstungen nicht die beste Wahl für die eigenen Bienen, zumal viele dieser Standorte als zweiter Rettungsweg von der Feuerwehr benötigt werden.

Ansonsten sind Bienen sehr anspruchslos – ein für Bienen ungünstiger Einfluss im Zusammenhang mit Magnetfeldern, Wasseradern, Windkrafträdern, Handymasten oder Stromleitungen wird zwar immer wieder dargestellt, konnte aber bisher nicht wissenschaftlich fundiert belegt werden.

HÄTTEN SIE'S GEWUSST?
Die Bienenhaltung wird von Behörden wie Gerichten als schützenswertes Gut betrachtet, sofern die Bienenhaltung als „ortsüblich" anerkannt ist.

WO SICH DER IMKER MIT SEINEN BIENEN WOHLFÜHLT

Bienenvölker werden heutzutage in der Regel bodennah aufgestellt. Sofern es sich dabei nicht gerade um ein Garagen- oder Hochhausflachdach handelt, müssen Sie mit mehr oder weniger Nachbarn rechnen, die sich mehr oder weniger durch die Bienen gestört fühlen.

Rechtlich gesehen haben Sie als Bienenhalter wenig zu befürchten, wenn im weiteren Umfeld andere Imker sind oder die Ortsüblichkeit der Imkerei in Ihrer Gemeindesatzung festgestellt wird.

Bienenhaltung auf dem Balkon einer Mietwohnung erfordert nach geltender Rechtsprechung die Genehmigung des Vermieters. Ein Anspruch auf Genehmigung besteht jedoch nicht.

RECHTLICHES

Das Recht auf die Bienenhaltung nützt Ihnen allenfalls vor Gericht, aber nicht im praktischen Zusammenleben mit Ihren Nachbarn. Daher sollten Sie bereits bei der Aufstellung Rücksicht nehmen:

- Suchen Sie einen Ort, den Sie selbst gut erreichen können, gegebenenfalls auch mit dem Auto, einer Sackkarre oder mit sperrigen Zargen in den Händen und der den Ansprüchen der Bienen gerecht wird.
- Überlegen Sie, wo Sie Ihre Materialien lagern oder verarbeiten, beispielsweise schleudern wollen, sodass die Wege zu Ihrem Standort möglichst kurz und gut begehbar sind.
- Wählen Sie die Ausflugsrichtung der Beuten so, dass die Bienen nicht unmittelbar über das Grundstück Ihres Nachbarn oder über öffentliche Wege ausfliegen. Bienen fliegen gerne ungehindert in Richtung Sonne ab, sodass man der Südrichtung besonderes Augenmerk schenken sollte. In dieser Richtung sollte das eigene Grundstück noch ein paar Meter Platz bieten, sodass die Bienen ausreichend Höhe erreichen können, ehe sie den nachbarschaftlichen Luftraum kreuzen.
- Achten Sie auch darauf, wie der Nachbar seinen Garten nutzt: Direkt an Sitzecken oder dem Buddelkasten der Nachbarkinder ist ein Bienenvolk eher schlecht aufgestellt.
- Gegebenenfalls können Sie auch mit einer hohen Hecke oder einem provisorischen Sichtschutzzaun (zum Beispiel ein Bauzaun mit Folienabspannung) die Bienen zu einem schnellen Aufstieg zwingen.

Diese Maßnahmen werden jedoch kaum verhindern können, dass nicht auch mal der eine oder andere Bienenschwarm über den Zaun setzt und sich dann in benachbarten Obstbäumen sammelt. Zwar erlaubt Ihnen das Bürgerliche Gesetzbuch (BGB), dem Schwarm direkt nachzusetzen und über den Zaun zu steigen, doch wird der Nachbarschaftsfrieden eher durch freundliches Klingeln und einem Glas Honig als durch das BGB gesichert.

Wenn die Bienen nicht auf dem eigenen Grundstück stehen, sondern in Kleingärten oder auf Pachtland, sollten Sie vor der Aufstellung einen Blick in die geltende Satzung oder den Pachtvertrag werfen, um zu sehen, ob die Bienenhaltung gestattet ist.

Prüfen Sie auch Ihren Versicherungsschutz – in vielen Privathaftpflichtversicherungen sind Schäden, die sich aus der Bienenhaltung ergeben, eingeschlossen, sodass man für den zwar unwahrscheinlichen, aber nicht auszuschließenden Schadensfall abgesichert ist.

Über die Mitgliedschaft in einem dem Deutschen Imkerbund (D.I.B.) angeschlossenen Imkerverein sind Sie in der Regel unfall-, rechtsschutz- und haftpflichtversichert und haben sogar Schadensersatzanspruch bei Diebstahl und Vandalismus.

Allgemeine Richtlinien für die Bienenhaltung

Bis sechs Bienenvölker: Zulässig in reinen Wohngebieten, sofern die Nachbarn freilaufende Kleintiere (Katzen, Hunde, usw.) halten, Gärten vorhanden sind oder die Anwesenheit von Honigbienen an Blüten auf Imker in der Umgebung hinweisen.

Bis zwölf Bienenvölker: Zulässig in Mischgebieten oder in landwirtschaftlich geprägten Gegenden.

Mehr als zwölf Bienenvölker: Sofern Grundstücksfläche und Sammelgebiet eine ausreichende Versorgung gestatten, ist die Aufstellung in Außengebieten kein Problem – beachten Sie nur, dass Völkeranhäufungen den Verflug untereinander und die Verbreitung von Krankheiten fördern. Zudem wird ab 25 Völkern die landwirtschaftliche Berufsgenossenschaft Beiträge fordern, während das Finanzamt erst bei über 30 Völkern von versteuerungspflichtigen Einnahmen ausgeht.

Vergessen Sie nicht, Ihren Bienenstand beim zuständigen Amtstierarzt anzuzeigen und lassen Sie sich die Registrierungsnummer geben.

Bienenpflege

Auch unsere Honigbienen sind Haustiere und müssen entsprechend gepflegt werden.

Grundlagen im Umgang mit Bienen

Wer mit Respekt, Ruhe und Gelassenheit mit dem Bien umgeht, braucht ihn nicht zu fürchten. Weder Pusten noch hektische Bewegungen sind am Bienenstand angebracht und der Anflugbereich sollte auch beim Bearbeiten der Bienenvölker frei zugänglich bleiben. Als Dresscode beim Bienenbesuch ist helle und glatte Mode angesagt (keine dunkle und an den Pelz räuberischer Säugetiere gemahnende Wolle), und die zur Durchsicht notwendigen Accessoires wie Smoker, Bienenbesen und Stockmeißel sollten stets griffbereit sein.

Bewohnte Bienenbeuten öffnet man in der Regel nicht ...

- ohne einen triftigen Grund dafür zu haben.
- wenn es schwül-gewittrig ist oder regnet.
- wenn das Licht unzureichend ist.
- bei Temperaturen unter etwa 15 °C oder deutlich über 30 °C.
- bei ausgebrochener oder drohender Räuberei.
- wenn die Bienen durch eine vorausgegangene Störung aufgeregt und stichig sind.
- wenn ein Alkohol- oder Parfümfahne die Tiere reizen könnte.
- wenn man unter Zeitdruck steht und den Eingriff nicht ausreichend durchdacht und vorbereitet hat.

SMOKER-RAUCHEN SCHÜTZT IHRE GESUNDHEIT

Der Smoker ist ein auf den ersten Blick umständliches, aber im Umgang mit den Bienen unverzichtbares Instrument. Seine Wirkungsweise beruht nicht darauf, dass der Rauch die Bienen betäube, wie oft behauptet wird – im Gegenteil: Er versetzt sie in höchste Alarmstimmung.

Die Bienen fliehen vor dem Rauch und angesichts der drohenden Gefahr stürzen sie sich auf die Honigvorräte und schlagen sich die Bäuche voll, um als Notschwarm fliehen zu können. Dieses Verhalten ist den einstigen Waldbewohnern quasi in die Wiege gelegt und funktioniert auch nur bei ihnen – das „Ausräuchern" von Wespennestern nach diesem Prinzip ist nicht möglich.

Dennoch sollten Sie keine Scheu vor dem Einsatz des Smokers beim Aufsetzen von Zargen, Absperrgitter oder Deckel haben:

- Nur durch die Verwendung von Rauch lassen sich die ansonsten nach dem Abheben des Beutendeckels zur Verteidigung hochsteigenden Bienen von den Oberträgern vertreiben, sodass sie beim Aufsetzen der Honigraumzarge nicht gequetscht werden.
- Es können mit dem Smoker gezielt Wabengassen bienenfrei gemacht werden, sodass die Bienen beim Bewegen der Rähmchen nicht zu Schaden kommen.
- Wabenbereiche außerhalb des Futterkranzes lassen sich bienenfrei machen, um beispielsweise Weiselzellen besser zu finden.
- Im Honigraum sollte der Smoker am besten gar nicht zum Einsatz kommen – Asche oder Rauchgeruch können den Honig verderben.

Es gibt verschiedene Empfehlungen, was im Smoker verbrannt werden sollte. Solange es weder den Bienen noch ihren Produkten schadet, ist eine Vielzahl an Varianten möglich. Getrockneter Rainfarn, spezieller „Imkertabak" oder getrocknete Baumpilze werden häufig in der Literatur empfohlen und im Handel angeboten.

Ich habe gute Erfahrungen mit recht preiswerter Kleintierstreu (Hanfeinstreu, grobe Holzspäne, Holzpellets) und Eierkartons gemacht. Zum Anzünden empfiehlt sich ein Gasbrenner mit Kartusche („Lötlampe") oder ein gastronomischer Flambierbrenner, mit dem erst die Stücke des Eierkartons entzündet werden, ehe dann Einstreu nachgegeben wird. Durch Betätigen des Blasebalges wird die Glut gehalten und Rauch produziert. Treten dabei nach einer Weile Asche und Funken aus, so müssen Sie Brennmaterial nachlegen. Zum Ersticken der Glut wird die Rauchöffnung des Smokers einfach mit einem passenden Korken verstopft. Eine „Rauchpause" kann man einlegen, indem man den Smoker einfach auf die Seite legt – aber Vorsicht, dass der heiße Deckel keinen Schaden oder gar die Entzündung von Laub oder Gras verursacht!

DURCHSICHT MIT EINSICHT – WORAUF ES ANKOMMT

Durchsichten sollten zügig und auf das Notwendigste beschränkt sein – es ist nicht notwendig, sich jedes Mal auf Königinnensuche zu begeben, wenn Sie nicht etwas Besonderes mit ihr vorhaben.

Beginnen Sie zunächst mit dem Ankündigen. Hierfür geben Sie in das Flugloch einen kurzen Rauchstoß mit dem Smoker. Dann stellen Sie den Honigraum samt Deckel zur Seite. Dabei sollte der Honigraum keinen Erdkontakt haben oder anderen Bienen zur Selbstbedienung angeboten werden. Praktisch ist ein weiterer, umgedrehter Zinkdeckel, auf den der Honigraum gestellt wird. Nützlich sind auch die Deckel benachbarter Völker als Ablage, doch achten Sie auf heraustropfenden Honig. Diesen sollten Sie stets mit reichlich Wasser

Das kurzzeitige Abstellen von Brutwaben geschieht am besten auf der Seite, damit keine Bienen zwischen Rähmchen und Holz gequetscht werden.

Mit Reißzwecken lassen sich auch Honigrähmchen markieren, die zu Beginn der nächsten Haupttracht bereits verdeckelt waren – so kann man später sortengenau abschleudern.

Das Drehen von Waben ohne Umgreifen als Alternative zum Drehen über die Ecken.

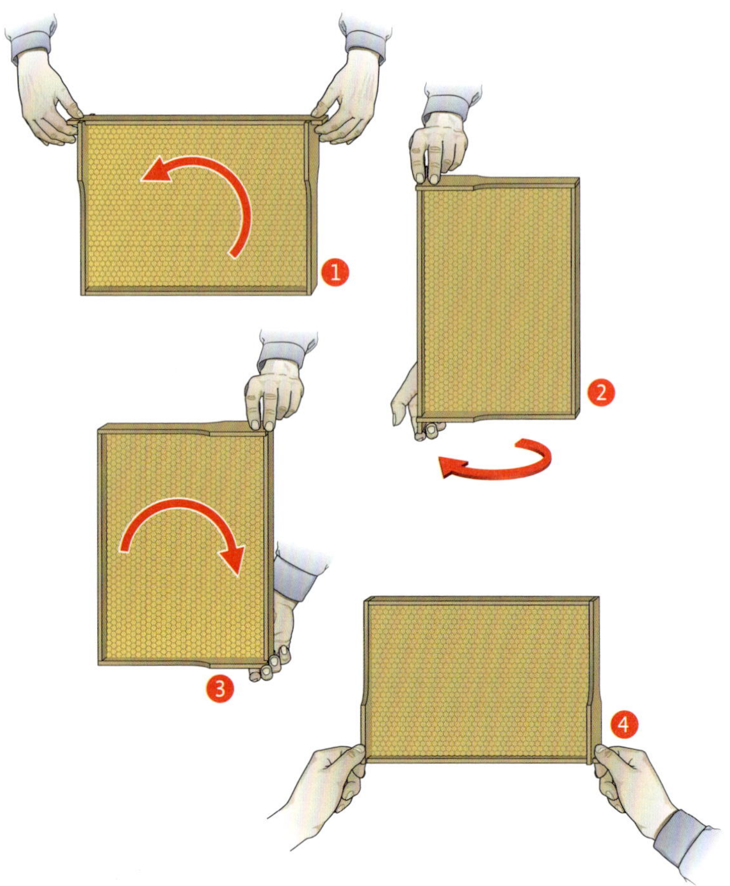

abwaschen, damit es nicht zur Räuberei kommt. Geben Sie etwas Rauch direkt auf die Wabengassen. Wenn sich die Bienen zurückgezogen haben, können Sie beginnen.

Das Lösen der ersten Wabe ist in der Regel am schwierigsten, besonders wenn mit Hoffmann-Rähmchen gearbeitet wird. Nehmen Sie am besten nicht die randständige Wabe, weil diese manchmal mit der Seitenwand verbaut ist und beim Lösen Honigzellen aufgerissen werden können. Dies kann besonders beim Naturbau passieren. Falls Sie bereits ein Schied in Verwendung haben, hinter dem ausreichend Platz zum Schieben der Waben ist, beginnen Sie dort mit der Durchsicht.

Jede Wabe muss vor dem Herausnehmen erst gelockert und leicht abgerückt werden, ehe man sie zieht – wer weiß, ob sich nicht darauf die Königin oder eine vorstehende Weiselzelle befindet? Die großen und schweren Brutraumwaben werden immer mit beiden Händen gehandhabt und zum Betrachten der anderen Seite gedreht, indem sie dazu kurz senkrecht und über den Oberträger oder aber über zwei gegenüberliegende Ecken gedreht werden.

Achten Sie auf Zeichen der Weisellosigkeit, etwa fehlende Brutstadien, Weiselzellen, und markieren Sie gegebenenfalls Rähmchen mit Weiselzellen oder anderen Besonderheiten mit farbigen Reiszwecken. Schauen Sie mit einer starken Stirnlampe in offene Brutzellen und achten Sie auf Krankheitsanzeichen (siehe Seite 150).

Die Waben kommen grundsätzlich in derselben Orientierung an die gleiche Stelle in den Kasten zurück.

Soll eine Wabe bienenfrei gemacht werden, so stoßen Sie sie am besten direkt vor der Beute ab – dazu wird beispielsweise kurz mit der Faust auf den Oberträger geschlagen. Ein schräg an das Flugloch gelegtes Brett lässt selbst Jungbienen den Weg zurück in das Volk finden. Das Abfegen mit dem Bienenbesen macht die Bienen eher grantig als das Abstoßen. Waben mit verdeckelten Weiselzellen oder der Königin darauf sollte man nicht abstoßen oder abfegen – vorsichtiges Pusten oder sanftes Auflegen der Hand auf die wuselnde Bienenschicht genügt und die Bienen weichen zur Seite und machen die Stelle bienenfrei.

Notieren Sie sich anschließend, beispielsweise in einer „Stockkarte", was Sie bei der Durchsicht bemerkt haben: Königin gesehen, Zustand des Baurahmens, des Brutnestes usw. Vor allem, wenn Sie Waben aus gutem Grund zwischen Völkern tauschen (z. B. für eine Weiselprobe), sollten Sie Ihre Beobachtungen dokumentieren.

GUT ZU WISSEN

In der Stockkarte werden alle Arbeiten rund um Beute und Bienen festgehalten; der Einsatz bestimmter Medikamente muss darin vermerkt werden. Solche Aufzeichnungen können auch digital, z. B. in der Imker-App des D.I.B., erstellt werden.

BIENENSTICHE WEGSTECKEN LEICHT GEMACHT

Bienenstiche gehören zur Imkerei wie Wachs und Honig und sollten ernst genommen werden. Halten Sie für den Fall eines Stiches entsprechende Mittel bereit. Eben nicht einfach nur „die Zähne zusammenbeißen", denn jeder Stich kann den Weg zu einer Allergie bereiten und er wird auf jeden Fall eine Weile unangenehm in Erinnerung bleiben, wenn man ihn nicht gleich behandelt.

Sind Sie gestochen worden, ziehen Sie sich zunächst aus dem Bereich des Volkes in den Schatten zurück, sonst können recht schnell weitere Stiche durch alarmierte Stockgenossen folgen. Den Stachel können Sie mit dem Fingernagel abstreifen, ehe dann die eigentliche Behandlung einsetzt.

Für die akute Stichbehandlung ist 10 %ige Ammoniaklösung, „Salmiakgeist", aus der Apotheke empfehlenswert, die an der Stichstelle einmassiert wird. Es gibt auch praktische Stifte, die man leichter mitnehmen und anwenden kann als die flüssige Variante.

Besonders gut hat sich der „Stichheiler" bewährt, ein mit Batterien betriebenes Gerät, das die Stichstelle lokal erhitzt und dadurch die entzündlich wirkenden Eiweiße des Bienengiftes zerstört. In der Praxis war das Gerät trotz der zunächst eher unangenehmen Anwendung sehr erfolgreich, weil es anschließend kaum noch zu den sonst typischen Stichbeschwerden kam. Für den Erfolg ist jedoch die schnelle und mehrfache Behandlung des Stiches wichtig. Ergänzend kann ein Antihistaminikum (beispielsweise Cetirizin) genommen werden.

Imkern mit oder ohne Schied

Das Schied wird den Dadant-Imkern spätestens mit der Lektüre von „Meine Betriebsweise" vom Dadant-Vater Bruder Adam mit in die Wiege gelegt – wer mit den Dadant-Alternativen wie DN 1,5 arbeitet, ist sich oft unsicher: Muss man mit Schied arbeiten und wie geht das überhaupt?

Ein Blick auf die verfügbare Brutnestfläche zeigt, dass die verschiedenen Großraum-Magazinbeuten gar nicht so verschieden voneinander sind – zumindest nicht in Bezug auf den verfügbaren Platz. Rund 1,2 m^2 beidseitig nutzbarer Wabenfläche steht den Bienen in den meisten Systemen zur Verfügung, nur Dadant-Systeme mit 12 Rähmchen bieten an die 1,4 m^2. Grund genug also auch für die anderen Großraum-Magazinimker, sich mit dem Schied zu beschäftigen.

WAS IST DAS SCHIED?

Beim Schied handelt es sich nicht um eine dicht schließende Trennwand, sondern eine (am besten nur oben und unten) von den Bienen umlaufbare Holzwand. Sie kann sehr einfach aus einem alten Rähmchen gebaut werden. Hierzu nimmt man nur den Oberträger und befestigt daran eine circa rähmchengroße Platte (entspricht dann in der Stärke einer ausgebauten Wabe). Gut geeignet dafür ist eine Tischler- oder Siebdruckplatte, die sich nur noch wenig verziehen. Manche setzen auch nur ein dünnes Brett anstelle einer Mittelwand in ein Rähmchen ein, um ein Schied zu bauen.

SINN UND VERWENDUNG DES SCHIEDS

Über das Schied wird der verfügbare Nistraum begrenzt, ohne die Bienen dabei einzuschließen. So werden bei Bedarf hinter das Schied gehängte Pollen- und Futterwaben von den Bienen geleert und man muss sich keine Sorge machen, dass die Völker verhungern.

Allerdings begrenzt das Schied zunächst die verfügbare Wabenfläche, sodass das schnell ausdehnende Brutnest der Königin die Einlagerung von Nektar erschwert. Die Bienen werden frühzeitig veranlasst, den Nektar in den aufgesetzten Honigraum zu bringen. Es kann mehr Honig geerntet werden, der ansonsten im Brutraum „versacken" würde. Durch das Schied trennt man zudem großflächige Pollenwaben, denen eine stark schwarmfördernde Wirkung nachgesagt wird, vom Brutnest.

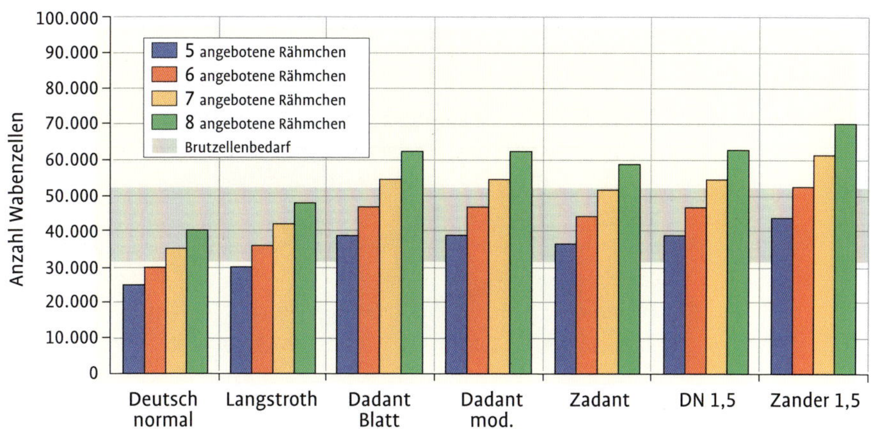

Anzahl von Wabenzellen in Abhängigkeit von der angebotenen Rähmchenanzahl.

Weiterhin wird dem Schied auch eine positive Beeinflussung des Wärmehaushaltes nachgesagt. Die Bienen besetzen die vorhandenen Waben vollflächiger und dichter, sodass weniger Raum für Wärmebrücken und Schimmel bleibt. Aus diesem Grund haben sogenannte „Thermoschiede“ inzwischen Konjunktur, die aus speziellen Dämmplatten mit Reflektionsfolienbeschichtung gefertigt werden. Gerade in Holzbeuten sollen beidseitig von den zu schiedenden Waben eingesetzte Thermoschiede für einen stärkeren Bruteinschlag im Vorfrühling sorgen. Hinter das Schied können also Waben mit oder ohne Pollen/Futter gehängt werden, niemals jedoch Waben mit Brut. Solche Waben würden Pflegebienen anlocken und sogar die Königin dazu verleiten, sich ebenfalls hinter das Schied zu begeben.

Der Raum hinter dem Schied kann im Kaltbau (siehe Seite 95) auch vollkommen leer gelassen werden, dann allerdings ist es ratsam, bei der Honigernte immer einen zumindest teilweise gefüllten Honigraum auf dem Volk zu belassen, weil sich im Brutraum kaum Vorräte befinden können. Im Warmbau sollte der Raum hinter dem Schied dagegen immer zumindest mit Rähmchen mit Anfangsstreifen/Mittelwänden aufgefüllt werden, da sonst dort gerne Wildbau errichtet wird.

Das Schied muss sehr früh im Jahr eingesetzt werden und es wandert bis zur Mitsommernachtswende idealerweise rähmchenweise weiter, um dem wachsenden Volk nur zögerlich Platz zu bieten. Beim Einhängen des Schieds ist es wichtig, dass die Königin auf der „richtigen“ Seite des Schieds ist und auch in der Folge dort bleibt.

Je nach Volksstärke und Brutfreude werden im Frühsommer in der Regel sechs bis acht Waben vor dem Schied belassen. Nach dem letzten Abschleudern und Abräumen der Honigräume wird die Wa-

Pollenwaben bieten der Brut keinen Platz und wirken wie ein Schied.

benzahl auf die zur Aufnahme des Winterfutters notwendige Wabenzahl erhöht. Mehr als neun Rähmchen braucht es jedoch nicht, so dass Schied und etwas Schieberaum auch im Winter in der Beute Platz finden.

MUSS MAN MIT SCHIED ARBEITEN?

Das Schied ist keine Pflicht – es ist eher die Kür und wird spätestens dann an Bedeutung gewinnen, wenn es den Imker ärgert, dass die benachbarten Imker bald schon ernten, während die eigenen Honigräume noch weitgehend verwaist sind.

Das Schied hilft also dabei, dass die Honigräume früher und besser gefüllt werden. Zudem erleichtert es die Durchsicht, da nur

Gut zu wissen

Bei der Warmbauweise (siehe Seite 95) liegen die Brutwaben fluglochseitig und die Erweiterung mit neuen Rähmchen findet auch fluglochseitig statt. Bei der Kaltbauweise erfolgt das analog, wobei die jeweils äußerste, randständige Wabe als Deckwabe regelmäßig zur Pollenlagerung und nur bei enger Schiedung für Brut genutzt wird. Diese Position eignet sich daher, um dorthin umgehängte, einzelne Brutwaben auslaufen zu lassen, um sie dann zu entfernen.

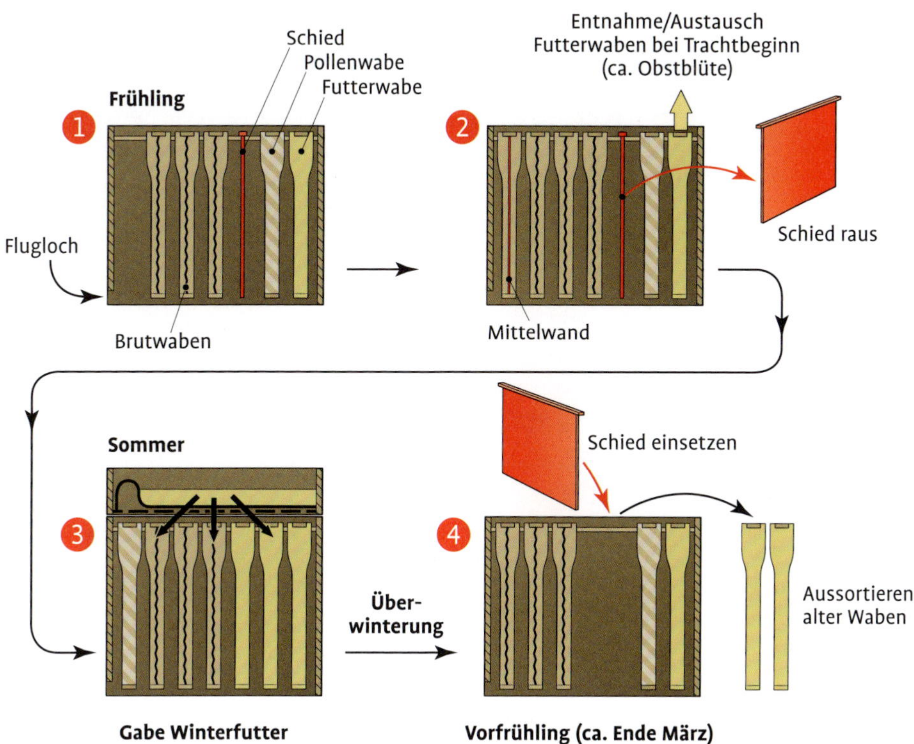

Schiedführung im Warmbau.

Das Einsetzen und Wandern des Schieds in der Großraum-Magazinimkerei im Warmbau wird eher selten praktiziert. Da das Brutnest fluglochnah angeordnet ist, wird der Flugloch-ferne Bereich hinter dem Schied oft sehr schnell mit Wildbau belegt.
Er muss daher mit Rähmchen belegt werden.
Durch das frühe Einsetzen des Schieds unter Aufsetzen der Honigräume wird der Nektar verstärkt nach oben getragen, während überschüssige Futter- und Pollenwaben hinter das Schied gehängt werden.
Üblicher ist das Führen des Schieds im Kaltbau. Durch das weit offene Flugloch ist der Bereich hinter dem Schied nach außen geöffnet und für Wildbau nicht besonders interessant. Dadurch bleibt ein freier Raum zum Parken von leer zu putzenden Waben und zum Schieben bei den Durchsichten. Das Wandern des Schieds kann analog zum Warmbau erfolgen.
Das Erweitern des Brutnestes mit neuen Waben erfolgt fluglochseitig, sodass die alten Brutwaben allmählich nach hinten wandern.
Nach dem Überwintern können beim Einsetzen des Schieds im nächsten Jahr die alten und nun weitgehend geleerten Waben entnommen werden.

Sobald die äußere Brutwabe zu ca. 80 % ihrer Fläche mit Larven, Puppen und Stiften versehen ist, sollte die nächste Wabe gegeben werden.

wenige und nur die wirklich in Benutzung befindlichen Waben vor dem Schied liegen. Dazu ist beim Ziehen der Waben ein dahinter befindlicher Leerraum hilfreich.

Allerdings kann man auch ohne Schied gut und ausreichend ernten. Ich selbst habe über Jahre ohne dieses Hilfsmittel gearbeitet. Das Führen das Schieds bedeutet jedoch nicht automatisch mehr Arbeit oder häufigere Eingriffe ins Volk, weil man dies bei den ohnehin notwendigen Frühjahrsdurchsichten automatisch mit erledigen kann. Dafür hält es das Brutnest kompakt und macht die Durchsichten schneller. Im Winter verhindert es das Schimmeln randständiger und unbesetzter Waben.

FEHLERQUELLEN RUND UMS SCHIED

Das Schied wird zu früh oder zu spät gegeben

Während man das Schied kaum zu früh geben kann, kommt das „zu spät“ schon häufiger vor und ist dann vor allem bei Warmbauweisen ein Problem, da der Raum hinter dem Schied üblicherweise mit Rähmchen belegt ist. Kleine Völker respektieren das Schied als Trennung, da sie noch nicht alle Wabengassen besetzen können. Bereits erstarkte Völker lassen sich nicht mehr damit einengen und erweitern das Brutnest auch auf Waben jenseits des Schieds. Dies mag auch genetische Ursachen haben, denn manche Völker respektieren das

Schied einfach schlechter als andere und legen das Brutnest trotz Schied in unveränderter Form an. Wenn auch korrigierende Eingriffe (siehe nächster Punkt) nicht funktionieren, sollte es in diesem Fall wieder entfernt werden.

Auf beiden Seiten des Schieds befindet sich Brut

Hier ist beim Setzen des Schieds entweder die Königin auf die „falsche“ Seite geraten oder das Schied wurde nicht rechtzeitig unter Gabe neuer Waben verschoben – dann hat sich die Königin auf die Suche nach neuer Wabenfläche für ihre Eier gemacht. Wird dies rechtzeitig erkannt, kann man die Brutwaben aus beiden Bereichen samt Königin vor dem Schied erneut zusammenhängen.

Bleibt dieser Fehler aber zu lange unbemerkt, wird die Königin bald munter zwischen beiden Abteilen wechseln und das Schied hat seine Wirkung verloren. Dann sollte es besser entfernt werden. Manche Imker haben gute Erfahrungen mit Schieden gemacht, die nur oben und unten umlaufbar sind und daher eher von der Königin respektiert werden. Jedoch sind alte Brutwaben und Drohnenwaben hinter dem Schied gerne von der Königin aufgesuchte, attraktive Waben.

Naturnah sparen: imkern im Naturbau

Die Mittelwand macht den Wabenbau besonders schnell und aus imkerlicher Sicht besonders effizient. Blitzschnell wird aus einem leeren, gedrahteten Rähmchen eine Wabe, indem man die gelbliche Wachsmittelwand auf die Rähmchendrahtung legt und den Draht kurz mit Hilfe eines Eisenbahntrafos erhitzt, sodass die Mittelwand eingeschmolzen wird. In das Volk gehängt, wird innerhalb weniger Tage aus der platten Wachswand mit Wabenstruktur eine ebene Wabe voller Arbeiterinnenzellen, denn die Arbeiterinnen verlängern die geprägten Stege.

Diese perfekten und robusten Mittelwandwaben sind für alle imkerlichen Anforderungen ideal – auch zum Ausschleudern, denn sie halten viel aus. Der eher unerwünschte Drohnenbau in großformatigen Zellen wird dadurch auf die leicht durch Ausschneiden zu entsorgenden Baurahmen verdrängt, bei denen bewusst auf Drahtung und Mittelwand verzichtet wird. Solch ein aus Menschensicht „ordentliches Wabenwerk" kostet die Bienen außerdem weit weniger Energie und Zeit als ein selbst gebautes.

Lässt man die Immen dagegen selbst bauen, so wie sie es seit Jahrmillionen tun, so kommt allerlei heraus – große und kleine Zellen, oft auf einer Wabe kombiniert, und manchmal dauert es ewig, bis aus dem Bau eine respektable Wabe geworden ist. Während der frisch eingeschlagene Schwarm noch im ersten Jahr brav Arbeiterinnenzellen baut, wird der Rest der gegebenen Leerrähmchen im nächsten Jahr oft nur mit Drohnenzellen ausgefüllt. Manchmal wird dieser natürlich weiße Wabenbau, auch Naturbau genannt, nicht einmal richtig mit den Seitenteilen und dem Unterträger verbunden, sodass die Herrlichkeit beim Drehen und Wenden des Rähmchens abreißen kann.

Zudem hält der weiße, fragile Bau nicht viel aus – in der Schleuder reißen und brechen solche Waben leichter und bleiben beim Herausnehmen am Gitter des Schleuderkorbes hängen. Zu heftig erschüttert oder gedreht, reißt und bricht eine Naturbauwabe schneller als eine ausgezogene Mittelwandwabe. So ist es kein Wunder, dass die Mittelwand einen Siegeszug rund um die Welt antrat und viele Imker diese „Fast-Food-Version" des Wabenbaus schätzten. Warum also über altbackene Alternativen nachdenken?

Für und Wider der Naturbau-Imkerei

In den letzten Jahren wurde das imkerliche Selbstverständnis der Mittelwand-Imkerei erschüttert. Berichte über Analysen der von Imkern zur Mittelwandverarbeitung eingelieferten Waben zeigten, dass

Naturwabenbau in ungedrahteten Rähmchen bricht schnell beim Bewegen der Rähmchen – ein solcher unprovozierter Abriss einer Mittelwand im gedrahteten Rähmchen könnte ein Hinweis auf gepantschtes Wachs sein.

Wachs ein langes Gedächtnis hat. Selbst seit Jahren verbotene Pestizide und Insektizide sind noch darin zu finden, die sich über die häufigen Recylingdurchläufe immer weiter anreichern – möglicher Schaden für die Bienen ist nicht auszuschließen. Selbst an sich harmlose ätherische Öle, die von den Imkern im Kampf gegen die Varroamilbe eingesetzt werden, können sich derart stark konzentrieren, dass ihr Geruch den daraus geschleuderten Honig unverkäuflich macht.

Dazu kommen die „schwarzen Schafe" unter den Wachsverarbeitern, die das teure echte Bienenwachs mit billigen Erdölprodukten strecken und das Gemisch als neue Mittelwände wieder in Umlauf bringen. Mit fatalen Folgen: Die Bienenbrut kann aus solchen Waben nicht mehr schlüpfen und stirbt in den Zellen. Manchmal reißen solche Waben aus gestrecktem Wachs von selber mittig ab, dass Honig und Wabe Bienen unter sich begraben.

Dabei ist das Vertrauen in die Wachsverarbeiter und Mittelwandgießer essenziell, denn nur entsprechenden Fachbetrieben ist die wirksame Abtötung der äußerst robusten Sporen der gefährlichen Amerikanischen Faulbrut möglich, sodass die Verwendung von Mittelwänden aus Wachsen meist unbekannter Quelle keine Infektionsgefahr mehr birgt.

So ist es kein Wunder, dass mehr und mehr Imker das Ideal eines eigenen Wachskreislaufes verfolgen, der ohne Fremdwachs auskommt – bei Bio-zertifizierten Imkern wird dies je nach Zertifikat sogar gefordert.

Imkern im Naturbau

PRO

- Spart Zeit und Kosten für Mittelwände.
- Minimiert den Eintrag von Fremdstoffen, Krankheitserregern und Giften.
- Liefert gerade im Honigraum wichtiges, mitverzehrbares Wachs (Wabenhonig).
- Ist natürlicher und wirkt schwarmlustdämpfend.

KONTRA

- Erfordert anderes Vorgehen bei der Bauerneuerung.
- Erschwert die Varroabekämpfung durch Schneiden der Drohnenbrut.
- Kann unvollständigen, schiefen und daher empfindlicheren Wabenbau liefern.
- Kann je nach Baulaune unterschiedlich schnell erfolgen.
- Kann je nach Zeitpunkt und Volksstimmung viel Drohnenzellbau bedeuten.

Doch auch unter diesem vermehrtem Arbeitsaufwand ist es nicht zu vermeiden, dass sich Umweltgifte anreichern, sodass einige Wissenschaftler bereits fordern, dem unnatürlichen Kreislauf ein Ende zu machen: Kerzen anstatt Mittelwände!

Die Alternative liegt auf der Hand – imkern unter (weitgehendem) Verzicht von Mittelwänden und Nutzung des bieneneigenen Bautriebes. Gerade Großraum-Magazinbeuten mit ihren in der Regel nicht geschleuderten Brutraumwaben (die also weniger aushalten müssen) und den niedrigen Honigraumwaben bieten sich sehr gut für den Betrieb im Naturbau an.

Naturbau – wie geht das?

Wer einen Schwarm in einer leeren Kiste einlogiert, wird erleben, dass es für Naturbau nicht mehr als diese braucht. Wer aber mit Naturbau imkern will, muss die Bienen dazu bringen, ihre Waben in den gegebenen Rähmchen in gewünschter Orientierung zu errichten. Voraussetzung dafür ist eine wasserwaagengenaue, plane Ausrichtung der Beute, damit die Wabe beim Bau nicht aus dem Rähmchen „herauswandert“ und sich durch Verbau mit den Nachbarrähmchen in unerwünschten Stabilbau verwandelt. Daher sind Bienenbeuten mit der Wasserwaage auf stabilen Untergründen wie Beutenböcken aus Gerüstfüßen und Vierkanthölzern auszurichten.

Weiterhin ist es wichtig, den Bienen eine „Baulinie“ vorzugeben, die ihnen die aus Imkersicht gewünschte Startposition für die Wabe vorgibt. Hierzu kann man sich verschiedener Methoden bedienen:

Wachsstreifen: Diese gängige Methode benötigt entweder Rähmchen mit senkrechter Drahtung oder Rähmchen, die im Oberträger eine mittig verlaufende Nut haben. Die Streifen werden aus einer

Naturbauwabe in DN 1.5.

Wachsanfangsstreifen dienen als Leitlinie für den neu zu errichtenden Wabenbau des Bienenvolks.

Bei der Segeberger Beute kann man einfach zwischen Warmbau (links) und Kaltbau (rechts) wechseln, da sich die quadratische Zarge auf dem Boden drehen lässt. Das Flugloch liegt vorn, zur Kamera gerichtet.

Wachsmittelwand entweder aus eigener Produktion oder Bio-zertifiziertem Wachs mit Nachweis einer Rückstandsanalyse geschnitten und dann am Oberträger fixiert.

Hierbei ist die Breite der Streifen eher von der eigenen Fingerfertigkeit abhängig – zum Einlöten an der Drahtung wird man jedoch mindestens 1 cm Breite benötigen. Die Streifen werden dann konventionell am Oberträger eingelötet, wobei es wichtig ist, dass sie wirklich Kontakt zum Oberträger haben. Noch einfacher geht es bei der Nut – dort schiebt man die Streifen nur ein und fixiert sie, indem man beispielsweise an einigen Stellen mit dem Heißluftfön erhitzt. Das schmelzende Wachs fließt in die Rinne und fixiert den Streifen. Rähmchen mit auf der Innenseite eingefräster Nut bekommt man leider selten „von der Stange" – fragen Sie den Händler oder kaufen Sie Rähmchen in Teilen, und verbauen deren Oberträger mit der Drahtnutung umgedreht.

Leiste: Eine einfache Möglichkeit zur Nachrüstung un- oder quergedrahteter Rähmchen ohne Nut ist das Anbringen einer möglichst schmalen Dreiecksleiste auf der Innenseite des Oberträgers, wobei diese mit Wachsauflagerung noch besser als Baulinie akzeptiert wird. Ebenfalls erprobt wurde die Verwendung einer frisch in Wachs getränkten, dicken Schnur, die gerade und mittig auf den Oberträger geklebt wird. Bei der Gewinnung von Wabenhonig muss diese aber berücksichtigt werden. Auch mit flüssigem Wachs fein gezogene Wachslinien wurden erfolgreich getestet. Oder man kann bei der Bauerneuerung ausgemusterte Waben so ausschneiden, dass ein schmaler Steg der alten Wabe am Oberträger erhalten bleibt. Dieser genügt bereits als Wegweiser für den neuen Wabenbau.

Kaltbau oder Warmbau?

Gerne diskutiert, aber für Großraum-Magazinimker ziemlich unerheblich, ist die Frage, ob die Waben längs oder quer zum Flugloch eingehängt werden. Dieser sogenannte Warm- oder Kaltbau soll Einfluss auf den Überwinterungserfolg durch unterschiedlich lange Zehrwege der Wintertraube haben. Doch dank ausreichend Platz für Bienen und Vorräte ist das gefürchtete „Abreißen des Winterfutters" kein besonderes Thema.
Den Bienen scheint die Ausrichtung auch egal zu sein und wilde Völker bauen gerne im Mix: Kaltbau mit einer um 90° gedrehten Wabe direkt vor dem Flugloch, um Warmluftverluste zu minimieren . Die Wabenstellung sollte daher eher nach den Bedürfnissen des Imkers gewählt werden. Bei der Bearbeitung ist es ergonomischer, wenn sich die Wabe ohne Verdrehen des Oberkörpers oder Kreuzen der Arme herausnehmen lässt.
Im Kaltbau mit breitem Flugloch kann dahingegen der Bereich hinter dem Schied länger leer gelassen werden, ehe die Bienen dort Wildbau errichten – was die Durchsicht beschleunigt.

UMSTELLUNG AUF NATURBAU

Diese geht am besten beim Einlogieren eines Schwarms, weil er sehr willig und schnell baut und dabei vor allem Arbeiterinnenzellen schafft. Ableger oder Kunstschwärme werden ebenfalls vornehmlich Arbeiterinnenzellen bauen.

Es ist auch möglich, ein bestehendes Volk nach und nach auf Naturbau umzustellen. Allerdings müssen Sie dabei mit großen Flächen an Drohnenwaben rechnen. An dieser Stelle können Sie sich vom Ideal der Mittelwandimkerei verabschieden, die das Bauergebnis zu steuern versucht – die Bienen werden so viele Drohnenwaben errichten, wie sie benötigen. Vor allem am Rand der Beute eingehängte Rähmchen werden mit diesen großvolumigen Zellen ausgebaut. Oft werden auch gemischte Waben gebaut oder im Vorjahr unvollständig ausgebaute Rähmchen mit Drohnenbau ergänzt.

Bautätigkeit: Da ein Bienenvolk in der Regel nur einmal nahezu den gesamten Bedarf an Arbeiterinnenzellen errichtet, diese danach immer wieder verwendet und die großvolumigen Zellen offenbar schneller errichtet werden können, ist es manchmal schwierig, die Bienen zum Bau von Arbeiterinnenzellen zu animieren. Die auszubauenden Rähmchen mit Anfangsstreifen sollten daher unmittelbar im Brutnest platziert werden, denn hier werden Drohnenzellen in der Regel nicht angelegt. Zudem sollten alte Arbeiterinnenbrutwaben entfernt werden, sodass ein Bedarf an Brutfläche für Arbeiterinnen entsteht.

Im Warmbau kann auch rückenschonend im Sitzen hinter oder seitlich neben der Beute geimkert werden. Im Kaltbau muss man sich noch etwas strecken, um die Rähmchen geradeziehen zu können.

Dadurch wird jedoch das Schneiden der Drohnenbrutwaben (siehe Seite 160) als Teil der integrierten Varroabekämpfung erschwert. Man wird zwangsläufig nur einen Teil der Drohnenbrut und die darin enthaltenen Milben entfernen können.

Verhonigen des Brutraums: Der Naturbau kostet die Bienen mehr Kraft und Zeit, was sie manchmal nicht leisten können. Wenn große Mengen an Nektar und Pollen hereinkommen und der Honigraum über dem Absperrgitter nur aus Rähmchen mit Anfangsstreifen besteht, kann es passieren, dass sie, anstatt zu bauen, die hereinkommende Tracht im Brutraum verstauen. Dieses „Verhonigen" hat zur Folge, dass die Königin weniger Platz zum Eierlegen hat und das Volk in Schwarmstimmung gerät, obwohl eigentlich ein ganzer Honigraum brachliegt. Hier kann das Einhängen einer ausgebauten Wabe oder wenigstens einer ganzen Mittelwand schon zur Annahme und zum Ausbau des Honigraums führen. Auch das kurzzeitige Entfernen des Absperrgitters hat sich in diesem Fall bewährt. Das „Verhonigen" ist beim Aufsetzen eines bereits ausgebauten Honigraums kein Problem mehr. Der tagsüber eingetragene Nektar wird über Nacht sicher dorthin gebracht.

So müssen Sie als Imker sowohl die Tracht als auch die Entwicklungen in der Beute im Auge behalten und für ausreichend Platz im Honig- und Brutraum sorgen. Naturbau bedeutet etwas mehr Aufmerksamkeit bei der Durchsicht, als dies bei der Mittelwandimkerei der Fall ist. Zudem ist bei jeder Erweiterung zu klären, ob sie nun mit einer Mittelwand, einer ausgebauten Wabe, sofern vorhanden, oder einem Rähmchen mit Anfangsstreifen erfolgen soll. Wem dies zu aufwendig ist, kann den Naturbau nur auf die Honigräume begrenzen, in denen die Zellengröße keine Rolle spielt, und im Brutraum weiterhin oder teilweise Mittelwände verwenden.

Im Brutraum bedeutet Naturbau den Bruch mit Traditionen und Erwartungshaltungen – das Bauergebnis wird nicht so „ideal“ wie bei einer Mittelwand ausfallen und der Bau ist stark von der Baustimmung abhängig. Der einzige, wirklich handfeste Nachteil ist nur die geringere Wirkung des Drohnenbrutschneidens bei der Varroabekämpfung. Dafür erhält man sauberes, sehr hochwertiges Wachs.

Alternativ kann man eigenes Wachs zu Mittelwänden umarbeiten lassen – dazu braucht es jedoch viele Völker, weil eine solche Umarbeitung Mindestmengen im Kilogramm-Maßstab voraussetzen. Vorteil ist hier jedoch die sachgerechte Entseuchung des eingeschickten Wachses, die man bei der eigenen Verarbeitung in der Regel ausspart.

Manche Imker nutzen luft- oder wassergekühlte Mittelwandgießformen aus Silikon, mit denen sich auch kleine Mengen verarbeiten lassen. Diese Gießformen sind jedoch recht teuer, sodass sich die Anschaffung einer „Vereinsform“ über den Imkerverein empfiehlt. Mit etwas Geschick kann man sie aber auch aus Sanitärsilikon aus dem Baumarkt und einer gekauften Mittelwand als Vorlage selber herstellen (Bauanleitungen gibt es im Internet), um einen eigenen Wachskreislauf – idealerweise aus reinem Entdeckelungswachs oder unbebrütetem Naturbau aus dem Honigraum – aufzubauen.

Autorentipp: Einfach mal Ausprobieren

Naturbau im Honigraum ist bei den meisten Großraum-Magazinbeuten gar kein Problem und hat viele Vorteile – neben der einfachen Gewinnung von Wabenhonig sind die niedrigen Rähmchen oft auch ohne Drahtung transport- und schleuderfest.

Imkern im Jahreslauf

Der im Folgenden beschriebene Jahreslauf zeigt, wie sich die Tätigkeiten beim Großraum-Magazinimkern im Format Segeberger DN 1,5 mit DN 0,5 Honigräumen aufs Jahr verteilen. Die Methoden und Abläufe sind auf andere Großraum-Magazinbeuten wie Dadant übertragbar. Die Beschreibung zeigt auch das Führen des Schieds, das bei allen Großraum-Magazinbeuten in ähnlicher Weise zum Einsatz kommt. Bei Dadant mit zwölf Waben wird es noch etwas rigoroser verwendet (das heißt, noch stärkeres Einengen und späteres Erweitern der Brutwabenzahl), da dieses Format mehr Brutfläche bietet.

Für Anfänger, die bei der Beurteilung von Volksstärke und Vitalität noch Erfahrungswerte aufbauen müssen und nicht einen „Imkerpaten" mit Erfahrung in diesem Maß zur Seite haben, ist es manchmal einfacher, zunächst auf das Schied zu verzichten.

Die monatliche Verteilung der Arbeiten und Trachteingänge entspricht etwa der, wie ich sie im städtischen Randbereich von Berlin erlebe – das Klima ist demnach etwas milder als im Umland und die ganzjährige Pollenversorgung sehr gut. In anderen Regionen und klimatischen Verhältnissen können sich die jeweiligen Maßnahmen auch etwas nach vorn oder hinten verschieben – vor allem in Gebieten, in denen noch spät im Jahr Honig geerntet werden kann (z. B. Waldtracht oder Heide).

Januar: Lauschen und wiegen

Im Januar kann sich der Imker vom Weihnachtstrubel erholen – seinen Bienen sollte er ebenso Ruhe gönnen. Die Winterbehandlung gegen die Varroamilbe ist bereits im Dezember erledigt worden, denn in diesem Jahr darf vor der Honigernte kein medikamentöser Einsatz mehr erfolgen, wenn der Honig in Verkehr gebracht werden soll.

In vielen Gegenden liegt Schnee und so beschränkt sich die Inspektion der Völker auf einen kurzen Blick auf, aber nicht in die Kästen:

- Ist das Mäusegitter noch an seinem Platz?
- Kein Deckel heruntergeweht?
- Kein Specht oder Vandale am Werk gewesen?
- Das Flugloch noch frei von Schnee?

Ein Stethoskop erweist sich als praktisch, um in die Völker zu horchen. An mehreren Beutenseiten angelegt, kann man nun lauschen, ob es da drinnen noch brummt. Auf ein sachtes Klopfen brausen die Bienen kurz auf. Das ist ein gutes Zeichen, dass die Königin da ist – ein weiselloses Volk braucht länger. Tatsächlich sind die Bienen sogar sehr aktiv und manche pflegen bereits jetzt ein kleines Brutnest. Durch Einlegen des Varroa-Schiebers können offene Gitter-Böden

Das Wiegen im Winter und Vorfrühling hilft beim Abschätzen des Winterfutterverbrauchs und beugt verhungernden Völkern vor.

Bienen wiegen

Eine digitale Kofferwaage ist praktisch, um den winterlichen Futterverbrauch abzuschätzen. Einmal im Monat werden die Völker dazu kurz einseitig angehoben. Die Wägung sollte dann auch auf der anderen Seite erfolgen, da die Futtervorräte oft unregelmäßig verteilt sind.
Die Summe aus den beiden Wägungen abzüglich des Beutenleergewichtes inklusive Schied- und Leerwabengewichte und eines angenommenen Bienengewichtes (großzügige 2 kg beinhalten im Winter noch einen Sicherheitspuffer) ergeben in etwa das noch verbliebene Winterfutter. Da das Messergebnis vom Ansatzpunkt der Waage an der Beute und Höhe des Hebens abhängt, sollte man es in den Sommermonaten durch eine Gesamtwägung des Volkes überprüfen, um den individuellen Fehler zu ermitteln.
Professionelle Bienenwaagen z. B. von BeeWatch, Wolf und CAPAZ sind wesentlich teurer, aber sie erlauben sogar die „Fernbeobachtung" weit entfernter Bienenständen mittels SMS und die Abschätzung, wann sich die Honigernte lohnt. Immer mehr Besitzer dieser Stockwaagen stellen diese Informationen online, sodass auch Nichtbesitzer von dieser Trachtbeobachtung profitieren können (beispielsweise TrachtNet des Fachzentrums Bienen und Imkerei aus Mayen, Trachtmeldesystem Baden-Württemberg u. a.)

nach der Wintersonnenwende bis zur Krokusblüte verschlossen werden. Gerade bei abrupten Kälteeinbrüchen schützt man damit den ersten Bruteinschlag.

Ansonsten sollte man in dieser Jahreszeit aufräumen, Materialien anschaffen (denn ab Mai kann es schwierig werden, Rähmchen und Zargen zu bekommen), reparieren, lesen und Imkerveranstaltungen besuchen.

Februar: Nur gucken, nicht anfassen!

Jetzt gibt es manchmal erste Sonnentage und wenn das Flugloch kräftig beschienen wird, dann können schon die ersten Bienen am Flugloch auftauchen. Man sieht sie nun gierig Wasser zu sich nehmen, das sie zum Aufnehmen des Pollens benötigen. Liegt eine Folie auf den Brutraum, können Sie dort nach dem Heben des Deckels Kondenswassertropfen sehen. Sie sind ein Zeichen für das Brutgeschäft des Biens.

Klettern die Temperaturen mal etwas höher, dann setzt bei starken Völkern auch schon gelgentlich ein erster Flugverkehr zur nächsten Wasserstelle ein. Ansonsten gibt es aber auch diesem Monat außer einer Wägung und gelegentliche Sichtkontrollen von außen nicht viel an den Bienen zu tun.

(Zu) schwach ausgewintertes Volk Ende Februar auf DN 1.5.

Smoker und Absperrgitter putzen

Der Februar bietet die letzte Chance, um in Ruhe den Teerverkrustungen im Smoker beizukommen. Dazu weichen Sie den Smoker (Balg vorher abschrauben) für einige Tage in 5 %iger Natronlauge ein. Die Verkrustungen lösen sich dann ganz von selbst und der Smoker ist nach dem Abspülen und Trocknen fit für das kommende Jahr.
Die Absperrgitter können Sie gut mit einer Heißluftpistole oder Lötlampe vom Wachsverbau befreien und einsatzbereit machen. Alternativ bietet sich das Säubern der Gitter im Backofen über mehrere Lagen Zeitungspapier bei knapp 100 °C an.

März: Kümmern um Kümmerlinge

Ab Mitte Februar bis Mitte März hat die Sonne genug Kraft und es wird ab 8 °C bei entsprechendem Sonnenschein schon kräftigen Bienenflug geben. Spätestens jetzt finden an den letzten kalten Standorten die Reinigungsflüge statt. Die Bienen, die geduldig monatelang im Stock Babysitter und Heizer waren, haben sich bisher jeden Toilettengang verkniffen. Das wird jetzt nachgeholt und schon bald zeigt sich die Umgebung mit gelben Spritzern besprenkelt.

Die Bienen scheinen diese ersten Ausflüge besonders zu genießen – man kann sie bienenuntypisch an sonnigen Flächen „faulenzen“ sehen. Nun ist es ratsam, eine nahegelegene Tränke zu schaffen, denn für die Futtersaftproduktion und Pollenaufnahme brauchen die Bienen Wasser. Jetzt können Sie auch gut die Böden reinigen oder gar austauschen – die Völker sind leicht und die Brutraumzargen lassen sich gut anheben.

Die ersten Zuckerquellen des Jahres sind nicht Blüten – Fallobst aus dem Vorjahr wird ebenso gerne angeflogen.

Das Absperrgitter wird so aufgelegt, dass die Streben parallel zu den Wabengassen liegen.

Starthilfe für Kümmerlinge

Völkern, die nur auf wenigen Waben sitzen, können Sie helfen.

- Dazu legen Sie einem möglichst starken Volk ein Absperrgitter auf und stellen das schwache Volk darüber.
- Das starke Volk wärmt das schwächere und verstärkt es mit seinen Bienen. Beide Königinnen legen verstärkt Eier und nach etwa 4 Wochen werden die beiden wieder getrennt.
- Das obere Volk sollte dann auf einen anderen Stand verlegt werden oder aber (bei gutem Flugwetter) auf die Stelle des unteren kommen, damit es als „Flugling“ (siehe Seite 126) noch die Sammlerinnen bekommt. Dann hat sich das Sorgenkind oft prächtig entwickelt.

Das Verfahren ist ab Januar möglich und sollte bis ca. Mitte März (vier Wochen vor Trachtbeginn) beendet sein. Trotz Absperrgitters kann dabei aber auch mal eine Königin verloren gehen und die Völker vereinigen – setzen Sie den Schwächling also nicht auf das Volk mit der teuren Reinzuchtkönigin auf. Zudem sollte der Kümmerling nicht krank sein (siehe Seite 150).

Von Bienen unbesetzte Randwaben können vor allem im unteren Drittel schimmeln und sollten beizeiten entfernt werden.

Bei gutem Wetter können Sie jetzt auch schon mal das Volk inspizieren. Dazu genügt ein Blick unter den Deckel: Auf wie vielen Gassen sitzt das Volk? Sieht man auf den angrenzenden Wabengassen noch verdeckeltes Futter?

Für Eingriffe wie das Aussondern schimmeliger Randwaben oder Schied einsetzen, braucht es strahlende Sonne und etwa 15 °C. Bietet der März dies, sollten Sie zügig handeln (siehe Seite 84).

Notfütterung mit Zip-Lock-Beuteln

Hierzu können Sie wiederverschließbare Gefrierbeutel verwenden.

- Diese werden mit warmem Bienenfuttersirup oder Zuckerwasser (1 : 1) gefüllt.
- Drücken Sie die Luft beim Verschließen möglichst komplett aus dem Beutel.
- Den außen sauberen und trockenen Beutel legen Sie in einer aufgesetzten leeren Honigraumzarge direkt auf die Oberträger des Brutraumes, sodass er über den Bienen platziert ist. Inzwischen sollte er auch auf Stockwärme abgekühlt sein.
- Dann pieken Sie einige feine Löcher in die Seite des Beutels, ehe Sie die Beute wieder verschließen.
- Die Bienen werden zügig den Weg zu den Futterlöchern finden und den Beutel leersaugen. Auf diese Weise lassen sich einige Liter Sirup nachfüttern.

GEGEN DAS VERHUNGERN

Die meisten Bienenvölker verhungern nicht im Winter, sondern genau jetzt – im Vorfrühling, wenn noch keine Tracht hereinkommt, der Verbrauch aber bereits groß ist. Bedenken Sie, dass der Futterbedarf durch das Brutgeschäft stark ansteigt und zwischen Ende Februar und Anfang Mai gut die Hälfte des gesamten Futtervorrats verbraucht wird – es wird also noch einiges an eisernen Reserven benötigt.

Schwächere Völker können bei plötzlichem Temperatureinbruch schon mal von den Futtervorräten abreißen, wenn ihr Brutnest sie an einer Stelle fesselt und sie nicht ausreichend Futter in den Brutnestbereich umgetragen haben. Sie können so selbst neben vollen Futterwaben verhungern, wenn Bienenmasse und Temperaturen nicht ausreichen, um ans Futter zu gelangen.

Über die Gewichtskontrolle bekommen Sie zwar einen Hinweis zur Gesamtmenge des Futters, aber nicht zur Verteilung – achten Sie bei der Kontrolle von oben also auch darauf. Leere, im Vorjahr zu spät gegebene Mittelwände und Waben können beispielsweise schon mal wie ein Trennschied zum Futter wirken und müssen raus!

Wer in dieser Zeit nachfüttern muss, sollte stockwarmen Futtersirup ganz nah an die Bienentraube bringen – eine Futterzarge mit Aufstieg ist bereits ein zu weiter Weg. Man kann dies mit einer leeren, ausgebauten Wabe erreichen, die flach liegend mit Futtersirup gefüllt wird und an die Wintertraube geschoben wird. Ohne großen Eingriff können Sie jedoch auch mit Gefrierbeuteln nachfüttern (siehe Kasten Seite 103).

Ein bis drei Futterwaben hinter dem Trennschied (im Bild: 2. Oberträger von rechts) versorgen das Volk im Vorfrühling, bis der Nektar ausreichend fließt.

April: Raus mit den Schwarten

Bei guter Witterung kann die erste gründliche Durchsicht im März oder April stattfinden. Warten Sie damit nicht zu lange, denn nun ist auch endlich mit Sicherheit festzustellen, ob die Königin da ist und wie ihr Brutnest aussieht.

Keine Brut oder buckelig vorgewölbte Zelldeckel sind mögliche Zeichen der Weisellosigkeit, die bei solchen über den Winter gealterten Völkern in der Regel die Auflösung des Volkes bedeuten (siehe Seite 133).

So früh im Jahr ist nun die erste gute Gelegenheit gekommen, dunkle Waben auszusondern. Wer solche Brutwaben im letzten Jahr rechtzeitig zum Auffüttern nach außen gehängt hat, sodass sie nach dem Auslaufen der Brut mit Winterfutter gefüllt werden, hat nun eine gute Chance, sie sauber geschleckt entnehmen zu können.

Wer das Schied nicht nutzt, sollte zu große Mengen an Winterfutter entfernen und die freiwerdenden Plätze mit Bauangeboten füllen: eher Mittelwände, da um diese Zeit sonst viel Drohnenbau errichtet wird. Ein bis zwei volle Futterwaben sollten als eiserne Reserven noch verbleiben, für den Fall, dass ein später Frost die Frühjahrsblüte abrupt beendet.

DAS SCHIED IM APRIL

Spätestens Anfang April kommt das Schied zum Einsatz. Es trennt die an den Beutenrand zum Flugloch hin geschobenen Brutwaben von großflächigen Pollenwaben, die einfach hinter das Schied gehängt werden. Wenn die Brutwaben nur geringe Futtermengen aufweisen, kann man zur Sicherheit vor einem kältebedingten Futterabriss auch noch eine Futterwabe vor dem Schied belassen. Ansonsten wandern sie alle hinter das Schied.

Da das Schied von den Bienen umlaufen werden kann, muss man sich keine Sorgen machen, dass das Volk Mangel leidet – gerne werden auch Reste ausgeschleckt, wenn man die zu putzende Wabe in einigem Abstand zum Schied in den Leerraum hängt. Auch ein schiefes Hineinstellen oder das Anritzen verdeckelter Zellen auf solchen Waben fördert das Austragen der Futterreste.

GUT ZU WISSEN

Eine (sehr grobe) Daumenregel besagt, dass zum Zeitpunkt der Krokusblüte 3 Brutwaben (zuzüglich Baurahmen) vor dem Schied zu erwarten sind.

DER BAURAHMEN

Zu Beginn des Monats wird der Baurahmen, ein leeres, ungedrahtetes Rähmchen, zwischen letzter Brutwabe und Schied eingehängt. Wenn die Baulaune erwacht, werden die Bienen hier emsig bauen und zwar vornehmlich Drohnenwaben. Der Baurahmen wird im Rahmen der integrierten Varroabekämpfung ausgeschnitten, wenn die Drohnenbrut verdeckelt ist (siehe Seite 160).

Der Baurahmen dient auch als Indikator für die Baulaune und damit die Schwarmfreude des Volkes. Mit steigender Schwarmfreude

Der Baurahmen wird zwischen Schied und Brutnest gehängt.

Nach Bruder Adam wird der Honigraum im Warmbau aufgesetzt, während der Brutraum im Kaltbau geführt wird. Dies soll die Annahme und die Erträge steigern.

Honigräume aufsetzen

Neue Honigräume kann man auf oder unter die bereits in Füllung befindlichen Räume setzen. Das klassisch praktizierte Aufsetzen ist einfacher und weniger störend für die Bienen, aber auch das Untersetzen hat viele Argumente auf seiner Seite:

- Man verhindert zum einen die geschlossene, schwarmfördernde Honigkappe über dem Brutnest.
- Zudem lockt der bereits gefüllte Honigraum systematisch Bienen in den neuen Raum und da er ganz oben in der warmen Stockluft badet, muss man sich um den Wassergehalt des Honigs nicht sorgen.

Solange der bereits aufgesetzte Honigraum noch unverdeckelt ist, gehen die Bienen bereitwillig in darüber aufgesetzte Räume. Durchgehend verdeckelte Honigrähmchen stellen dahingegen eine Barriere dar, über die die Bienen nicht gerne gehen. Bei solchen Räumen sollte der nächste eher untergesetzt werden. Probieren Sie es einfach mal – bleiben Sie jedoch bei einem System oder markieren Sie die Zargen in der Reihenfolge des Aufsetzens. Dies hilft später bei der Beurteilung, welcher Honig in den Rähmchen auf Sie wartet!

sinkt die Baulust und der Bautrupp im Baurahmen zerfällt in kleine Trauben, die einzelne Wabenzungen errichten, statt gleichmäßig Drohnenwaben auf breiter Front. Mit der Ausdehnung des Brutnestes kann der Baurahmen weiter nach außen wandern, sollte aber immer brutnestnah vor dem Schied bleiben, um Baubienen und deren aufsitzende Varroamilben abzufangen.

DER HONIGRAUM IM APRIL

Ab Mitte März und spätestens Anfang April können die Honigräume aufgesetzt werden. Da die niedrigen Honigräume wenig Volumen haben, ist ein Auskühlen durch die Erweiterung nicht zu befürchten. Gerade für Schiednutzer ist es ratsam, mit dem Aufsetzen nicht zu lange zu warten – auch wenn die Bienen sich anfangs kaum noch dafür interessieren.

Je nach Volksstärke und Witterungsverlauf können auch zwei der niedrigen Honigräume über das Absperrgitter aufgesetzt werden. Ideal ist es, wenn zumindest der erste, unterste Raum bereits ausgebaut ist – die weiteren können mit Mittelwänden oder mit Anfangsstreifen ausgestattet sein.

Kaum im Ausbau, ist schon die Königin auf dem Baurahmen, um ihn mit Drohneneiern zu bestücken.

Mai: Schwärme und Honig

Der Mai ist der „Wonnemonat“ für die Bienen, sofern ein Kälteeinbruch nicht alles „verhagelt“ – Blütenpracht in allen Gärten. Schlag auf Schlag beginnt die nektarreiche Obstblüte, besonders Kirsche und Apfel liefern viel und süßen Nektar, und eine erstarkende Sammlerschar bringt nun reichlich Nektar in die Honigräume. Für Imker ist das eine arbeitsintensive Zeit, denn es gilt, die Schwarmfreude der Völker zu zähmen – zumindest, wenn man die Völker stark genug für eine gute Honigernte halten möchte. Hierzu ist das Volk alle sieben Tage durchzuschauen. Dabei werden nacheinander alle Brutwaben gezogen.

Die Schwarmkontrolle geht einher mit der Völkervermehrung durch Ableger (mehr dazu auf Seite 125) oder Kunstschwärme. In dieser Zeit lohnt auch der abendliche oder frühmorgendliche Kontrollgang bei den Völkern – jetzt kann man das Tüten und Quaken aus womöglich übersehenen Weiselzellen besonders gut hören.

DAS SCHIED IM MAI

Achten Sie bei den Durchsichten darauf, dass die Königin ausreichend Platz zur Eiablage hat. Wenn leere, ausgebaute Waben im Honigraum sind oder dort gut gebaut werden, sollte auch beim Schiedeinsatz kein Verhonigen des Brutraums stattfinden. Beim Verhonigen werden die Waben des Brutnests mit Nektar/Honig gefüllt, der nicht oder nur zögerlich umgelagert wird. Dadurch wird die Erweiterung des Brutnestes gehemmt, da die Königin keinen Platz mehr zum Legen findet. Sind die Waben vor dem Schied jedoch bereits großflächig mit Brut belegt (bis in die Ecken), sollte die Brutfläche zurückhaltend vergrößert werden und ein Rähmchen mit Anfangsstreifen oder oder ganzflächig verdeckelte Futterwaben, in die die Bienen „hineinbrüten“, gegeben werden. Mittelwände können beim Erweitern und Trachtbeginn durch massiven Nektareintrag „verhonigen“ und sind daher eher zweite Wahl bei der Erweiterung in der Trachtzeit. Der Raum hinter dem Schied ist ebenfalls aufmerksam im Auge zu behalten – nur bei ausreichend Platz werden die Bienen diesen Raum nicht beziehen oder verbauen. Nun können dort geparkte Waben auch entnommen werden. Wird der Raum mit Rähmchen mit Anfangsstreifen bestückt, so gibt man den Bienen wenig Anreiz zur Inspektion, verhindert aber den Wildbau am Absperrgitter, wenn es dann doch baufreudig diesen Bereich belegen will. Vor allem beim Warmbau, bei dem der Schiedraum eher besiedelt wird, sind solche „Platzhalter“ zwingend.

DER HONIGRAUM IM MAI

Im Mai sollten Sie die Honigräume gut im Auge behalten und rechtzeitig neue aufsetzen. Hierzu müssen die Waben des ersten Raums nicht gefüllt oder gar verdeckelt sein – die Bienenvölker wachsen jetzt enorm an und füllen den nächsten schnell und geschäftig aus. An milden Frühlingsabenden können Sie den ersten, angenehmen Honigduft aus den Stöcken schnuppern und die erste Schleuderung wird einen leckeren Frühtrachthonig liefern, aus der Obstblüte, Raps und anderen Frühblühern.

Wer Sortenhonige ernten will, muss gut auf den Trachtverlauf achten und rechtzeitig ernten. Sollte der Honigraum zu Beginn der nächsten Hauptblüte noch nicht voll oder der Honig noch nicht reif sein, so kann man die bereits verdeckelten Rähmchen und Zargen mit farbigen Reißzwecken markieren und später nach den Trachten geordnet abschleudern.

„Schwarm im Mai ...

... ein Fuder Heu“ heißt eine alte Imkerweisheit, der auf die großen Vorschwärme abzielt, die sich ab Mitte Mai auf den Weg machen.
Trotz aller Umsicht und Schwarmkontrolle sollte man auf Überraschungen gefasst sein und die Umgebung mit einer gut erreichbaren Telefonnummer versorgen, denn häufig sammelt sich ein Schwarm zunächst in der unmittelbaren Umgebung.
Nun ist auch Gelegenheit, Schwärme anderer Imkerkollegen einzufangen. Wenn Sie zeitlich flexibel sind, melden Sie sich als Schwarmfänger beim Verein oder der Feuerwehrleitstelle. Die meisten Schwärme machen sich am späten Vormittag auf den Weg und bleiben nur kurze Zeit als Schwarmtraube an einer Stelle.

Juni: Und noch mehr Honig

Wie im Mai ist auf Schwarmanzeichen zu achten, aber zur Mittsommerwende hin am 21. Juni hat das Bienenvolk – keinen Schwarmabgang vorausgesetzt – seine größte Kopfstärke erreicht. Es baut jetzt allmählich ab und bereitet sich auf den Winter vor. Bis dahin sollte daher auch die Völkervermehrung durch Ableger weitgehend beendet sein, denn je später im Jahr gebildet, desto mehr Bienen, Waben, Futter und Pflege brauchen diese Minivölker, um rechtzeitig winterfit zu sein. Eine weitere Aufgabe bei der Durchsicht im Rahmen der integrierten Varroabekämpfung ist das Prüfen des Baurahmens und Ausschneiden der Drohnenbrut.

DAS SCHIED IM JUNI

Wie im Vormonat wird das Schied nur sehr zurückhaltend versetzt. Dadurch bleiben die Brutraumwaben weiterhin größtmöglich für die Brut genutzt und es entstehen keine oder nur geringe Honigkränze über dem Brutnest. Das erleichtert den Aufstieg in die Honigräume, in denen die kostbare Fracht abgeladen werden sollte. Das Anlegen von großflächigen und schwarmlustfördernden Pollenwaben („Pollenbretter") unterbleibt beim Schiedeinsatz, was aber kein Hinweis auf Pollenmangel ist. Bienen haben einen gewaltigen Pollendurchsatz von 30 bis 50 kg im Jahr – hiervon wird allerdings der größte Teil umgehend verzehrt. Die Pollen-Starthilfe für das Frühjahr kann noch nach der kompletten Brutraumfreigabe im Sommer gebildet werden.

DER HONIGRAUM IM JUNI

Die Honigräume sollten so schnell wie möglich geschleudert und wieder auf die Bienen kommen – denn nun folgen Robinien und Linden, sodass die Schleuder kaum stillsteht. In vielen Gebieten ist es das letzte Blütenfeuerwerk vor der langen Sommerpause.

Auch der Ausbau von Waben im Honigraum erfolgt jetzt noch gut und willig, solange es Tracht gibt, die einzulagern ist. Achten Sie beim Abernten darauf, dass Völkern mit Schied immer ein zumindest teilweise gefüllter Honigraum belassen wird, denn der Honigraum stellt auch eine Futterreserve dar.

Juli: Im Zeichen der Varroa

Am Anfang des Monats erfolgt in der Regel die letzte Honigernte. Nur in sehr waldreichen Regionen besteht die Chance, noch begehrte Waldhonige zu ernten, während Imker in der Nähe von Heidelandschaften auf den ebenso kostbaren Heidehonig hoffen können. Manche Imker können noch sommerliche Feldblüher wie die Kornblume nutzen und andere zählen auf die regional in Wassernähe sehr reich blühende Indische Balsamine (Indisches Springkraut).

Lassen Sie deren Nektarfluss aber lieber den Bienen als Winterfutter, denn für die meisten Imker hat nun der Winter-Countdown begonnen.

Auffüttern und Varroabekämpfung sind jetzt imkerliche Pflicht. Für die Fütterung wird Zuckerwasser aus Haushaltszucker und Wasser im Verhältnis von 1 :1 oder aber fertiger Bienenfuttersirup gereicht. Das Verfüttern von (eigenem!) Honig ist ebenfalls möglich, allerdings löst der Geruch besonders starkes Suchen der Räuberbienen aus.

Reichen Sie die Menge in mehreren, kleinen Portionen – besonders, wenn die Bienen zum Einlagern der Leckerei noch Wabenbau errichten müssen. Zwar nehmen die Bienen das Futter angesichts der mit der Ernte schlagartig entfernten Honigkappe sehr schnell an, doch es besteht die Gefahr des „Verhonigens", wenn der Lagerplatz fehlt.

Während der Fütterung wird der Varroabefall in den Völkern ermittelt (siehe Seite 156) und die erste Varroabehandlung (siehe Seite 159) schließt sich an die erste Fütterung an. Etwa zwei Wochen vor der Ernte können Sie überlegen, im Rahmen einer Brutscheune Bauerneuerung und Varroabekämpfung in einem Gang zu erledigen (siehe Seite 165).

Auch die Ablegerbildung können Sie mit einem Kunstschwarm aus den Honigraumbienen der letzten Schleuderung und den Jungvölkern aus dem Mai abschließen (siehe Seite 125). In diesem Monat bietet sich die Umweiselung von beispielsweise Stechervölkern nach der 2 × 9-Methode von Golz (siehe Seite 132) an – es sind noch ausreichend Drohnen in der Luft und das Volk verkraftet die damit verbundene Brutpause.

TIPP DER AUTORIN

Füttern Sie dem Wabenbau entsprechend angepasst auf. Ich füttere mit dem Abräumen der Honigräume zunächst nur etwa 5–7 kg Sirup, um die Sammelfreude aufrecht zu erhalten – im städtischen Umfeld findet sich in der Regel noch eine recht vielfältige Läppertracht.

DAS SCHIED IM JULI

Mit dem Abräumen der Honigräume können Sie das Schied entfernen oder ganz an den Rand schieben. In den meisten Fällen ist das spätestens Anfang Juli der Fall, sofern keine Spättrachten wie Heide locken. Die Bienen brauchen den Platz nun für den Wintervorrat. Das neue Raumangebot wird wie zuvor auf der schiedfernen Seite des Wabenblocks (Warmbau) mit Rähmchen aufgefüllt, die, mit Mittelwänden versehen, zügig bei der Auffütterung ausgebaut werden. Acht Waben DN 1.5 bieten in der Regel genug Platz für Wintervorrat, Pollen und Brut, sodass ein komplettes Auffüllen nicht zwingend erforderlich ist.

Doch auch Naturbau ist unter Futtergaben möglich, es kann aber wesentlich länger dauern und das Bauergebnis wird viel großvolumigen Drohnenbau enthalten, sofern nicht über die gleichzeitige Bildung einer Brutscheune Arbeiterinnenbrutwaben entfernt wurden.

DER HONIGRAUM IM JULI

Die Honigräume können nun winterfertig gemacht werden. Im Gegensatz zu gebrauchten Brutwaben, die grundsätzlich nie überwintern sollten, können Sie unbebrütete Waben problemlos überwintern. Dazu sollten die Honigwaben aber erst geputzt werden: Setzen Sie die Honigräume nach dem Abschleudern ein letztes Mal auf, allerdings über einer Leerzarge oder einer nach oben geöffneten Futterzarge. Der Abstand zum Brutnest motiviert die Bienen zum Umtragen der Honigreste aus den Honigräumen in den Brutnestbereich. Dieses Umtragen können Sie zusätzlich fördern, wenn Sie auf die Brutraumzarge eine Folie legen, die an einer Ecke umgeschlagen wird. Die Bienen gelangen nur durch diesen schmalen Durchgang in die Honigraumzargen. Wird zusätzlich anstelle des normalen Beutendeckels eine Plexiglasscheibe aufgelegt (allerdings nicht bei praller Sonne auf der Beute), veranlasst der ungewohnte Lichteinfall die Bienen zum Umtragen.

Wer mehrere Völker an einem Standort pflegt: Jedem Volk (außer Ablegern und schwachen Völkern) sollte ein Honigraum zum Putzen gegeben werden, damit alle Völker gut beschäftigt sind und es nicht zur Räuberei an den nach Honig duftenden Völkern kommt.

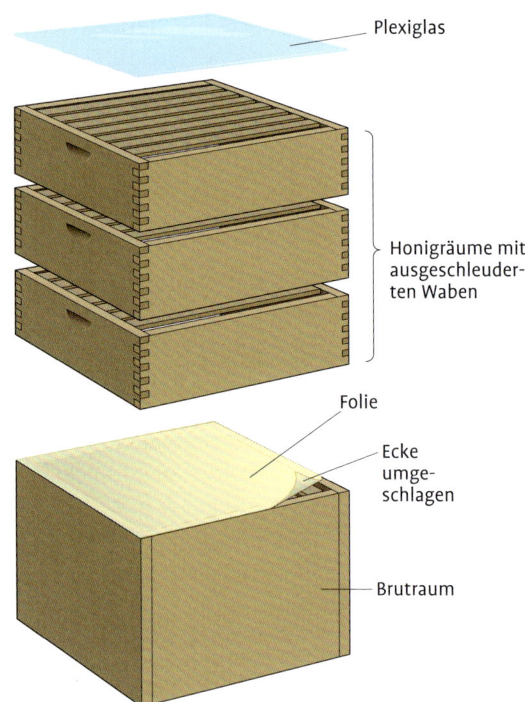

Die Bienen putzen die ausgeschleuderten Honigwaben innerhalb weniger Tage. Das Einschieben einer Leerzarge über der Folie und das schräge oder gedrehte Einhängen der zu putzenden Rähmchen beschleunigen das Umtragen.

Kleinstkriminelle unterwegs – Räuberei

Mit dem Abräumen der Honigräume hat das Schwelgen der Bienen im Honig sein herbes Ende und sie versuchen, den Verlust beim Nachbarvolk zu decken. Daher sollte unmittelbar an das Abräumen allen Bienenvölkern am Stand gleichzeitig die erste Futtergabe verabreicht werden.
Zudem ist Sauberkeit wichtig – weder Waben, Sirup oder gar Honig dürfen offen herumstehen und die Fütterung sollte am Abend erfolgen. Beobachtet man vor allem an schwächeren Völkern Kämpfe am Flugloch oder verdächtig starken Flugverkehr, dann hilft nur noch das Einengen des Flugloches auf Fingerbreite oder Verstellen des beraubten Volkes auf einen entfernten Stand.

Nach einigen Tagen sollten die Waben weitgehend geputzt und die beschädigten Waben repariert sein. Wird die Folie dann durch eine Bienenflucht ausgetauscht, verlassen die Bienen nach und nach die Honigräume, sodass sie bienenfrei abgenommen werden können.
Da immer noch kleine Honigreste in den Waben sind, die allmählich Wasser ziehen, werden die Zargen mit der Zeit tropfen. Die süße Leckerei lockt gerne Ameisen in das Bienenhaus, sodass man den Zargenturm insektendicht, aber luftig (z. B. Gaze) verschließen und am besten über einem mit Schaumstoff verschlossenen Gitterboden mit Bodenschieber aufbauen sollte. Die Luftzirkulation macht es auch Wachsmotten schwer, sich in dem Wabenturm zu entwickeln. Die Larven, die sich sonst vornehmlich durch Brutwaben fressen, schätzen weder Luftzug noch niedrige Temperaturen für ihre Entwicklung.

Im Herbst oft lästig, aber nur für schwache Bienenvölker ein Problem: Wespen bedienen sich an den Wintervorräten des Bienenvolks.

Winterfutter – darf's noch etwas mehr sein?

Fertiger Bienenfuttersirup spart Zeit, verdirbt nicht und ist höher konzentriert als selbstangerührtes Zuckerwasser. Invertierter Futtersirup (beispielsweise Api-Invert) erspart den Bienen etwas Arbeit und im Gegensatz zu Futterteig braucht es für die Aufnahme kein zusätzliches Wasser.
Die richtige Menge an Winterfutter ist von Beute, Bienenvolk, Standort, Wetter- und Trachtverlauf abhängig – es empfiehlt sich daher, bei den Imkern der Umgebung nachzufragen, wie ihre Erfahrungswerte sind. Wenn der Stadtimker seine Bienen in Segeberger Beuten mit nur 14 kg Bienenfuttersirup gut über den Winter bringt, geht das andernorts nicht unter 28 kg. Letztlich ist etwas zu viel besser als etwas zu wenig – gerade bei selbstangefertigtem Zuckerwasser ist der Verarbeitungsverlust höher als bei fertigem Sirup. Drei Gaben à fünf bis sieben Kilogramm Bienenfuttersirup sollten für die meisten Standorte und Winter genügen. Wem das Auffüttern zu viel Aufwand ist, kann auch auf eigenem Honig überwintern lassen – sofern es sich nicht um späten Blatthonig handelt, können Bienen unsere immer milder werdenden Winter gut überwintern. Hierzu genügt es, zur letzten Tracht weniger Honigräume zu geben und im Brutraum etwas mehr Platz anzubieten; zwei bis drei Mittelwände genügen.

August: Payback – Einfütterung für den Winter

Im August sind Auffüttern und Varroabehandlung weiterhin Thema – ich behandele etwa vier Wochen nach der ersten Anwendung mit Ameisensäure und verabreiche die zweite Futtergabe.

Die Stimmung im Volk verändert sich – die im Frühjahr so „braven" Bienen können jetzt reizbarer und übellauniger werden. Längeres Hantieren an den Völkern verbietet sich aus diesem Grunde – es fördert nur die räuberische Stimmung. Daher beschränken sich die Durchsichten auf ein Mindestmaß, dabei sollten Sie die Chance nutzen, besonders dunkle Brutwaben nach außen (im Warmbau, fluglochfern) zu hängen, damit diese nach dem Ausschlüpfen der Brut mit Winterfutter gefüllt werden. Sie lassen sich dann im nächsten Jahr geleert gut entnehmen.

GUT ZU WISSEN

Experten wie Dr. Wallner empfehlen, an die Sommerbehandlung eine Langzeitbehandlung mit Thymopräparaten anzuschließen, um diesen spätsommerlichen Milbeneintrag abzufangen. (Quelle: www.apis-ev.de/dr-klaus-wallner-rueckstandssituation-von-varroaziden)

September: Lautlose Invasion

Der Spätsommer und „Goldene Herbst" sind kein Grund, die Hände in den Schoß zu legen. Im Gegenteil, denn nun beginnt die Zeit zu rennen. Selbst wenn zu diesem Zeitpunkt die Varroabehandlung schon ganz nach Lehrbuch abgeschlossen wurde, sollten Sie den Varroabefall prüfen und gegebenenfalls noch ein drittes oder viertes Mal behandeln.

Gerade in dieser Zeit kommt es zum Mysterium der „Reinvasion". Studien haben gezeigt, dass durch den Verflug von Arbeiterinnen aus hoch mit Varroa belasteten Völkern einige Tausend Varroamilben in den Stock getragen werden können – pro Tag! Da die Auffütterung mit der letzten Futtergabe bis zum 15. September abgeschlossen sein sollte und es auch für eine erfolgreiche Varroabehandlung mildes, trockenes Wetter braucht, kann es jetzt manchmal eng werden.

Der September ist auch eine gute Zeit, um Völker umzuweiseln – neue Königinnen werden jetzt besser angenommen als im Frühjahr. Es bietet sich an, dies mit der Vereinigung von jungen, starken Ablegern zu kombinieren, sofern man diese nicht über den Winter nehmen will.

Oktober: Ruhe kehrt ein

Ein warmer Oktoberanfang bietet manchmal die Chance für einen späten, letzten Schlag gegen die Varroamilbe, aber die Auffütterung sollte nun geschafft sein. Die Bienen sollten langsam ihre wohlverdiente Ruhe erhalten, das Um- und Einlagern des Winterfutters haben die kurzlebigen Sommerbienen erledigt. Die Winterbienen, die seit der Sommersonnenwende in wachsender Zahl herangezogen werden, müssen sich für die winterliche Heizarbeit und den anstrengenden „Kaltstart" im Frühjahr schonen. Spätestens jetzt empfiehlt

Mäuseschutzgitter verhindern das Eindringen störender Räuber im Winter.

Maus, bleib drauß' – Mäuseschutz

Die weitgehend von Bienen verlassenen, aber lecker gefüllten Waben locken gerne Untermieter in die warmen Kisten: Mäuse. Sie können starke Schäden an den Waben und auch an den Bienen anrichten, die sich – eng zur Wintertraube zusammengezogen – nicht wehren können. Daher ist das Flugloch zu verengen – mit einem eingeschobenen Mäusekeil oder einem vorgesetzten Gitter, das beispielsweise mit Reißzwecken befestigt wird. Das Gitter wird angebracht, wenn die Flugtemperaturen von ca. 10°C nicht mehr dauerhaft erreicht werden, in der Regel ist das in der zweiten Oktoberhälfte der Fall. Wespen sind oft noch bis zum Frost unterwegs und können dann mit ihren Besuchen an den Beuten für Unruhe in der Wintertraube sorgen. Bei starkem Beflug kann ein zeitweiliges Verschließen des Fluglochs mit einem Schaumstoffstreifen bei offenem Gitterboden helfen.

sich das Wiegen der Völker, um durch Nachfüttern noch eventuelle Defizite auszugleichen.

Durchsichten sind im Oktober in der Regel auch nicht mehr erforderlich. Das oft beschriebene „Einrichten des Wintersitzes“ kann man den Bienen überlassen – sie wissen am besten, wo sie was brauchen. Die beliebte Frage „ein- oder zweizargig überwintern“ brauchen Sie sich als Großraum-Magazinimker nicht zu stellen – eine Brutraumzarge für zwölf Monate im Jahr genügt vollkommen.

November: Sorry, we're closed!

Spätestens zum November hin bleibt der Kasten endgültig zu – die Bienen haben jetzt Rähmchen und Deckel fest mit Propolis zugekittet, sodass der Kasten gut abgedichtet ist. Bitte packen Sie die Bienen zum Winter nicht ein – die Beuten brauchen weder klimaausgleichende Kissen noch Deckelbelüftungen, Decken, Folien oder andere Isolationsmittel. Im Gegenteil: Haben Sie keine Bedenken, zur Einwinterung den offenen Gitterboden unter den Bienen zu lassen. Bienen brauchen im Winter kalte Füße und warme Köpfe. Für die warmen Köpfe ist keine besondere Dämmung oder Isolation nötig,

Hätten Sie's gewusst?

Die Winterbehandlung gegen die Varroamilbe ist weichenstellend für das kommende Bienenjahr. Es ist der einzige Zeitraum, in dem sich alle Milben im Stock auf den Bienen befinden.

allerdings sollte der Deckel dicht schließen, damit keine ungünstige Zirkulation (Entweichen der warmen Stockluft nach oben und Nachströmen kalter Luft von unten) entsteht.

Dezember: Der Varroa an den Kragen

In der Regel wird es im November und Dezember frostig kalt und die Bienen stellen das Brutgeschäft komplett ein. Üblicherweise wird geraten, etwa drei Wochen nach den ersten drei Frostnächten die Winterbehandlung gegen die Varroamilbe durchzuführen. Die Kunst ist es, auch ohne Durchsicht der Völker die Brutfreiheit zu erkennen, da nur dann die Winterbehandlung optimal wirken kann.

In der Regel ist die Winterbehandlung in der ersten Dezemberhälfte gut möglich, manchmal auch noch zwischen Weihnachten und Neujahr. Das dazu erforderliche kurze Öffnen der Kästen erlaubt eine schnelle Bewertung der Völker – wie groß sind sie und wie sind die Vorräte? Grundsätzlich sind knackig-kalte Winter, am besten mit Schnee, für die Bienen weitaus leichter zu überstehen als „Schmuddelwinter", bei denen die Temperaturen Achterbahn fahren und eher zu Matschwetter als zu Schneepracht führen.

Leider wird man immer erleben müssen, dass das eine oder andere Volk den Winter nicht überlebt. Völker, die beim gründlichen, allseitigen Abhören mit dem Stethoskop kein Lebenszeichen mehr von sich geben, sollte man zügig abräumen. Eingegangene Völker sollten Sie immer gründlich untersuchen, auch wenn das Volk „sowieso schon varroageschädigt" war – manchmal verbirgt sich unter einem „erwarteten" Verlust eine unschöne Überraschung, wie etwa eine Brutkrankheit (siehe Seite 150).

Varroamilben überwintern auf den Bienen, wobei sie sich zwischen den Segmenten am Hinterleib vom Fettkörper der Bienen ernähren.

Bienen umziehen: Beutenwechsel

Wer Völker kauft, wird mit großer Wahrscheinlichkeit einen Wechsel des Rähmchenmaßes durchführen müssen. Die im Folgenden beschriebenen Methoden eignen sich nicht nur für den Umzug von Bienen, sondern finden – wie der Kunstschwarm – auch bei der Sanierung oder totalen Bauerneuerung Anwendung. Auch wenn Sie diese Techniken nicht regelmäßig praktizieren wollen, sollten Sie sie im „imkerlichen Werkzeugkasten" – also im Kopf – parat haben.

Quick'n dirty – Beuten & Rähmchen kombinieren

Wer handwerklich etwas geschickt ist, kann versuchen, alt und neu miteinander zu kombinieren. Dazu muss manchmal etwas improvisiert werden, wie beispielsweise Oberträger der alten Rähmchen mit einer Leiste verlängern, damit diese in die neue Zarge passen. Manche Rähmchen lassen sich auch mit Kabelbindern an Oberträgern des neuen Formates fixieren oder durch leichtes Schrägstellen einhängen.

Da Sie im Regelfall von kleineren auf größere Rähmchen umsteigen, ist meistens ausreichend Platz in der neuen Zarge. Dabei sollten die neuen Rähmchen die alten an einer Seite flankieren und nicht dazwischen geschoben werden, um das Brutnest nicht zu unterbrechen. Wenn möglich, sollte das Volk den Rest des Tages am alten Standort bleiben und erst abends verschlossen und zum neuen Standort abtransportiert werden, damit möglichst viele Bienen dabei sind.

Das Volk sollte durch mäßige Flüssigfütterung (1 Teil Zucker auf 2 Teile Wasser) zur zügigen Annahme der neuen Rähmchen motiviert werden. Mit Mittelwänden anstelle von Anfangsstreifen erfolgt der Ausbau noch schneller. Die alten Rähmchen werden nach und nach ausgesondert, indem Sie sie nach dem Auslaufen der Brut entfernen. Durch die Mitnahme des Brutnestes wird der Volksaufbau nicht gestört, das Verfahren kann also beispielsweise sehr früh im Jahr – sobald die Temperaturen es zulassen (ca. ab Mitte März) angewendet werden. Um diese Zeit stehen Alternativen wie der Kunstschwarm auch noch nicht zur Verfügung.

Diese Methode ist „quick'n dirty", also „schnell und schmutzig", da Sie zwar Zeit, aber auch alte und womöglich belastete Waben mit unerwünschten Untermietern (Varroa u. a.) gewinnen – schauen Sie sich die Waben also ruhig genauer an, bevor Sie sie in Ihren Kasten stecken! Wenn möglich, sollten Sie den Umzug lieber über den Kunstschwarm machen, der im Folgenden beschrieben wird.

Fast natürlich: Neuanfang über den Kunstschwarm

Die Kunstschwarmbildung ist ein Verfahren, das Sie sowohl zum Beutenumzug als auch zur Volksverstärkung oder Ablegerbildung einsetzen können. Durch die Entfernung der Brut und die erzwungene Brutpause hat es sich auch bei der Sanierung selbst schwer erkrankter Völker bewährt (beispielsweise bei der Amerikanischen Faulbrut). Es bietet sich auch als letztes Mittel an, um einen Naturschwarm zu verhindern („Schwarmvorwegnahme").

DER RICHTIGE ZEITPUNKT

Der Beutenwechsel über den Kunstschwarm ist frühestens möglich, sobald die Durchlenzung abgeschlossen ist und die abgearbeiteten Winterbienen weitgehend durch Sommerbienen ersetzt wurden.
Je nach Jahresverlauf ist dies ab etwa Mitte April bis Anfang Mai der Fall.

- Das Volk wird zuvor stark mit dem Smoker „eingeräuchert", dann warten Sie einige Minuten, damit sich die Bienen gut mit Futter bevorraten können.
- Dann werden die Waben nacheinander, beim Ableger nur einige, beim Beutenumzug natürlich alle, in eine Schwarmfangkiste mit aufgesetztem Abkehrtrichter abgestoßen. Auch ein Drahtpapierkorb, ein durchlöcherter Gastronomieeimer oder Ähnliches mit einem improvisierten Trichter aus fester Folie oder aufgesetztem Wabenschmelztrichter sind verwendbar.
- Wenn möglich, wiegen Sie das Behältnis vorher, damit Sie die Stärke des Kunstschwarms ermitteln können.
- Sprühen Sie den Trichter mit den darauf abgefegten Bienen gelegentlich mit Wasser ein, dann hält sich der Abflug in Grenzen. Beim Abstoßen landen vornehmlich die Jung- und Stockbienen sowie – sofern nicht gezielt ausgespart – die Königin im Kasten, während die Flugbienen auffliegen.

GUT ZU WISSEN

Man kann Kunstschwärme auch verwenden, um sie dabei mit neuen Königinnen auszustatten – es ist daher ein praktisches und vielfältiges, wenn auch etwas aufwendiges Verfahren, weil dazu alle Bienen von ihren Waben getrennt werden müssen.
Der Kunstschwarm ist sozusagen das „Schweizer Taschenmesser" in der Imkerei.

Die Kunstschwarmbildung geht aber auch ohne Königin, da sich die orientierungslosen Jungbienen ebenso zusammenballen, nach kurzer Zeit wie beim Naturschwarm „sterzeln" und dankbar jede Fremdkönigin annehmen. Diese muss auch nicht begattet sein. Ohne eigene Brut hat der Kunstschwarm keine Möglichkeit, eine eigene Königin heranzuziehen und nimmt dann sogar eine fremde Königin an. Man kann übrigens diesen Kunstschwarm auch mit Bienen aus verschiedenen Völkern gebildet werden – Stechereien finden kaum statt.

GRÖSSE UND ZUSTAND DES KUNSTSCHWARMS

So ein Kunstschwarm sollte kräftig etwas auf den Rippen haben – im Gegensatz zum Naturschwarm, der sich über Tage vorbereitet und geschont und sich dann besonders kräftig mit Honig versorgt hat,

GUT ZU WISSEN

Für das Sammeln möglichst vieler Bienen im Schwarmkasten ist es vorteilhaft, wenn sich eine Königin dort bereits stationär befindet – daher suchen viele Imker zunächst die Königin und legen oder besser hängen die gekäfigte Königin im Schwarmfangkasten auf. Die Bienen bilden dort eine dichte Traube um die Königin.

wurde ein Kunstschwarm quasi aus sich überhastet mit Fast-Food vollgestopften Teenagern gebildet. Gerade wenn der Kunstschwarm im Anschluss nicht aus dem Flugradius gebracht werden kann, sollte er schon etwas dicker ausfallen, da er noch jede Menge zurückfliegende Flugbienen verlieren wird. Mit etwa 2 kg (rund 20 000 Bienen) liegt man auf der sicheren Seite, im Sommer können es ruhig 500 g mehr sein.

Ähnlich einem Naturschwarm kann diese Traube nach ein bis zwei Nächten „Kellerhaft" an einem kühlen Standort (ca. 15 bis 20 °C) am Abend in die neue Beute gegeben werden, dadurch wird der Abflug von Arbeiterinnen minimiert.

Geben Sie dem Kunstschwarm während dieser Kellerhaft einen größeren Batzen Futterteig als Betthupferl mit und füllen Sie diesen Futtervorrat regelmäßig auf. Sie sollten den Kunstschwarm gelegentlich mit etwas Wasser besprühen, damit die Tiere auch Wasser aufnehmen können.

Mit dem passendem Futtergeschirr, etwa Futtereimer mit Gaze, ist auch die Flüssigfütterung möglich. Außerdem bietet es sich wie beim Naturschwarm an, eine Entmilbung mit Oxalsäureträufelung (siehe Seite 163) einzubauen, um dem Volk den optimalen Start zu ermöglichen. Alternativ kann man den Kunstschwarm nach dem Einlogieren mittels einer Sprühbehandlung mit einem Oxalsäurepräparat entmilben. Das gilt als bienenverträglicher als das Träufeln. Sie können den Kunstschwarm so – allerdings nur mit Futtervorrat in speziellen Versandkäfigen – gut transportieren oder sogar verschicken.

Der Kunstschwarm wird wie ein Naturschwarm in die Beute gegeben (siehe Seite 68) und kann sowohl Naturbau errichten als auch Mittelwände ausbauen. Wichtig ist dabei, den bisherigen festen Verschluss des Zusetzkäfigs durch Futterteig zu ersetzen, sodass die Königin von den Arbeiterinnen befreit werden kann. Wird der Kunstschwarm nicht gerade in den trachtreichen Wonnemonaten bei stabiler Flugwetterlage gebildet, ist die Fütterung mit Flüssigfutter unabdingbar – der Wabenbau geht umso besser voran.

Der Freiluftkunstschwarm

Die neue oder alte gekäfigte Königin können Sie sogar im Freien an einem Ast aufhängen und die Bienen auf einer Platte direkt darunter abstoßen, sodass sich diese Schwarmtraube als „Freiluftkunstschwarm" um die gekäfigte Königin bildet. Dieses Verfahren kommt dem natürlichen Schwarmakt noch näher und die Bienen können sich dank des ungehinderten Abflugs selber versorgen – eine zusätzliche Kellerhaft entfällt dann.

Ein wichtiger Vorteil bei diesem Verfahren gegenüber allen anderen ist die Hygiene, da kein altes Material oder Wabenwerk in die neue Beute kommt. Das Verfahren findet daher unter noch stärkerem Aushungern der Bienen auch bei der Sanierung von an der Amerikanischen Faulbrut erkrankten Völkern Anwendung.

Sofern es sich um einen Komplettumzug des Volkes handelt, können Brut- und Vorratswaben getrost beim Verkäufer bleiben und andere Völker verstärken oder zusammen mit anderen als Brutscheune im Rahmen der integrierten Varroabekämpfung (siehe Seite 165) verwertet werden.

Die letzte Rettung – Umschneiden

Das Umschneiden des alten Wabenformates auf das neue Format ist ein recht grobes Verfahren, das zumeist beim Bergen wilder Völker oder beim Umlogieren von Völkern aus Stabilbaubeuten angewendet wird. Hierzu werden die Brutwaben passend für das neue Rähmchenmaß zurechtgeschnitten und mit an den Rähmchen getackertem Kaninchendraht, Gummiband oder Ähnlichem in den neuen Rähmchen fixiert. Die Bienen werden Wabe und Rähmchen miteinander verbauen.

Da bei diesem Verfahren immer Brut, Honig und Bienen geopfert werden, ist es eine klebrige und unerfreuliche Angelegenheit. Deshalb nehmen sich auch nur wenige Imker der Bergung wilder Völker beispielsweise aus Schornsteinen an. Für solche „wilden“ Völker ist das Verfahren jedoch die einzige Rettung und es ist beeindruckend, wie schnell das Wabenwerk repariert und ergänzt wird, während in die Beute gelegte Bruchstücke leergeputzt werden. Solchermaßen umlogierte Völker brauchen jedoch zwingend ein sehr kleines Flugloch, da sie schnell der Räuberei zum Opfer fallen können.

Wenn Bienen ins Schwärmen kommen: Völker vermehren

Während der Heideimker noch das Schwärmen seiner Bienen förderte, um zur Heidetracht viele Völker zu haben, ist das Schwärmen bei den Imkern heutzutage aus der Mode gekommen – nicht jedoch bei den Bienen! Die Ursachen dafür sind vielfältig – neben der Schwächung des Muttervolkes und einer dementsprechend geringen Honigernte besteht heutzutage vor allem das Risiko des Schwarmverlustes, da nur wenige Imker in der Schwarmzeit tagsüber auf der Lauer liegen können. Wird der Schwarm jedoch nicht gefangen, so stehen seine Chancen schlecht, den kommenden Winter zu überstehen. Zudem bedeuten Schwärme besonders in dicht besiedelten Gegenden manchmal unerwünschte Aufmerksamkeit in der Nachbarschaft.

Dem gegenüber stehen die Vitalität der Schwärme, der ungeheure Bautrieb und das in der Regel für die Bienen perfekte Timing bei dieser natürlichen Vermehrungsform. Trotz aller Maßnahmen zur „Schwarmkontrolle“ wird man daher (zum Glück) immer wieder einen Schwarmabgang erleben dürfen. Ein Schwarm ist also weder ein Unglück noch ein Drama oder gar ein Zeichen, dass die Bienen wegen schlechter Pflege „wegwollen“, sondern er ist ein gewaltiges Naturschauspiel!

Der oft benutzte Begriff „Schwarmkontrolle“ ist eigentlich nicht korrekt – es geht eher darum, durch entsprechende Eingriffe einen fragilen und für Bienen eigentlich widersinnigen Zustand zu halten:

Was löst Schwärmen aus?

Für die Kontrolle der Volksvermehrung ist es zunächst wichtig, die schwarmauslösenden Faktoren zu kennen. Als schwarmfördernd gelten

- fehlender Platz zum Wabenbau,
- großflächige Pollenvorräte („Pollenbretter“),
- günstiger Tracht- und Klimaverlauf im zeitigen Frühjahr,
- große Volksstärke mit großem Anteil an Ammenbienen und geringem Anteil offener Brut,
- geschlossene Honigkappe über dem Brutnest,
- fortgeschrittenes Alter des Wabenbaus,
- fortgeschrittenes Alter der Königin,
- genetische Veranlagung.

konstant starke Völker, die trotz reicher Frühlingsblüte und großer Vorräte nicht die Volksteilung anstreben.

Maßnahmen zur Schwarmverhinderung

Oft wird dieses Streben durch den Imker viel zu spät erkannt, nämlich erst, wenn das Volk bereits die ersten Weiselzellen pflegt. Dann ist das oft empfohlene Zerstören der Weiselzellen im strikt siebentägigen Rhythmus die letzte und unschönste aller „Schwarmverhinderungsmaßnahmen“. Sie sollte daher in der Handlungsreihenfolge ganz hinten stehen. Schließlich sind diese freiwillig herangezogenen „Schwarmköniginnen“ oft sehr gut gepflegt und eine kostbare Ressource, mit denen sich schöne Völker aufbauen lassen.

Vorrangig sollte die Schwarmfreude daher durch folgende Maßnahmen im Zaum gehalten werden:

- Bauen lassen durch Baurahmen und Naturbau (zumindest im Honigraum),
- bei Schiedeinsatz: rechtzeitiges Erweitern von Brut- und Honigraum durch weitere Rähmchen oder Honigraumzargen (siehe Seite 107),
- frühzeitiges Verlagern der Pollenbretter hinter das Schied,
- rechtzeitiges und häufiges Schleudern,
- frühzeitiges Schröpfen starker Völker (Entnahme verdeckelter Brutwaben) und Ablegerbildung unter Mitnahme der alten Königin, evtl. auch unter
- Umweiseln auf schwarmträgere Linien,
- Flugling oder Schwarmvorwegnahme mittels Kunstschwarm, wenn der Schwarmabgang bevorsteht.

Mag(net)ische Königinnen

Seit einigen Jahren ist das System „Apinaut“ auch für die Schwarmverzögerung einsetzbar. Die mit dem magnetischen Plättchen des Apinaut-Systems gezeichneten Königinnen lassen sich durch leichtes Antippen mit dem stiftgroßen Fangstick sauber von der Wabe nehmen und absetzen.
Nun gibt es dazu einen Fangstab, der einfach über die gesamte Fluglochbreite geführt wird. Verlässt die magnetisch gezeichnete Königin das Volk, um mit dem Schwarm abzuheben, wird sie „magisch“ am Flugloch angezogen und festgehalten, sodass der Schwarm zurückkehren muss. Der Imker sollte jeden Abend in das Flugloch schauen, um eine eventuell gefangene Königin zu bergen und dann schnellstens sein Volk durchschauen – denn ungezeichnete Nachfolgerinnen fängt das System natürlich nicht ab.

Vor und nach dem Schwarm

Die Zeichen für die Schwarmstimmung der Völker sind subtil – zunächst werden „Spielnäpfchen“ gebaut, runde Becher an Wabenkanten oder Dellen. Diese Spielnäpfen sind ganz normal und werden selbst außerhalb der Schwarmzeit auf Vorrat gebaut. Sie werden immer wieder von den Bienen inspiziert, und schließlich glänzend geputzt, bis dann die Königin ein Ei hineinlegt. Dann geht es ganz schnell, bis der Schwarm fällt (siehe Seite 17). Das Erkennen des drohenden Schwarmabgangs ist nicht einfach, zumal die Waben dicht belagert und die Weiselzellen oft gut versteckt sind, sodass man selbst bei gründlichen Durchsichten alle sieben Tage schnell eine übersehen kann.

- Der Imker erkennt die Schwarmstimmung an einer zurückgehenden Sammel- und Bauaktivität – der Baurahmen ist daher ein wichtiger Indikator für die Baulust der Bienen; er wird jetzt kaum noch ausgebaut und wenn, dann nur mit einzelnen Wabenzungen.
- Die Pollenvorräte werden nun durch einen Honigüberzug konserviert und fangen an zu glänzen, während immer weniger Bienen Lust zum Ausflug haben.
- Die Bienen belagern oft in dicken, übereinanderliegenden Schichten die fluglochnahen Bereiche der Beute und wenn man von außen schon das Tüten und Quaken von Jungköniginnen hört, ist Eile geboten – so ein Volk wird in Kürze abheben.
- Häufig findet der Schwarmabgang um die Mittagszeit bei Wetterwechsel statt, beispielsweise bei schwülwarmen Wetterlagen nach längerer Schlechtwetterphase, in der die Bienen ausreichend Zeit hatten, den Schwarm vorzubereiten.

Königinnen im Überfluss

Eine bereits geschlüpfte Jungkönigin in der Schwarmzeit kann man häufig am deutlichen, wiederholt abgesetzten Tüten hören und auf der Wabe lokalisieren. Vor allem, wenn das Volk mehrfach schwärmen will, werden in kürzester Zeit zahlreiche Weiselzellen angelegt und praktisch gleichzeitig schlupfreif. Werden angrenzende Waben mit schlupfbereiten, quakenden Königinnenzellen aus der Beute genommen, so schlüpfen diese oft innerhalb weniger Minuten aus den Zellen, weil der Kontakt zur Wabe mit der tütenden Königin unterbrochen wurde und sie davon ausgehen, dass sie geschwärmt ist.
Plötzlich hasten nun gleich mehrere Thronanwärterinnen umher und wenn das Volk stark genug ist, wird es womöglich tatsächlich schwärmen, wenn man die Wabe einfach zurückhängt. Daher besser rasch einen oder mehr Ableger mit diesen überzähligen Königinnen und Weiselzellen machen. Sie werden mangels Bienenmasse nicht schwärmen, aber aus der Auswahl an Königinnen die Beste krönen.

Ohne genaue Durchsicht ist es schwierig, zu erkennen, welches Volk geschwärmt ist. Manche nicht besonders nachzuchtwürdige Völker schwärmen sich regelrecht kahl. Bei den meisten Völkern aber ist schon nach kurzer Zeit nicht mehr zu sehen, dass mal so eben rund 25 000 Bienen stiften gegangen sind. Nur wer seine Völker recht genau und regelmäßig wiegt oder eine Bienenwaage benutzt, kann dieses Ereignis sofort an der abrupten Gewichtsabnahme registrieren.

Sie sollten Völker, die (vermutlich) einen Schwarm abgegeben haben, so schnell wie möglich durchsehen. Manchmal macht sich bereits die erste Jungkönigin abflugbereit und es kann weitere Schwärme geben. Um weitere Schwärme zu unterbinden, ist bei dieser Durchsicht dann das Entfernen überzähliger Weiselzellen unabdingbar. Eine davon muss zur Sicherung der Thronfolge erhalten bleiben, sofern man das Volk nicht auf schwarmträgere Linien umweiseln will (siehe Seite 131).

GUT ZU WISSEN

Im Gegensatz zur Volksteilung über den Kunstschwarm (siehe Seite 119) wird bei der Ablegerbildung ein Teil der Brutwaben entnommen, wobei grundsätzlich gilt: Je später im Jahr der Ableger gebildet wird, desto mehr Brut, Bienenmasse und Fütterungsaufwand ist für ihn erforderlich.

Aus eins mach viele – Völkervermehrung und Schwarmkontrolle mit Ablegern

Die Ablegerbildung ist praktisch eine vom Imker und nicht von den Bienen vorgenommene Teilung des Volkes. Sie ist als Teil der Volks- und Bauverjüngung und der Varroabekämpfung essenzieller Bestandteil der imkerlichen Pflege. Dabei können auch gut zugekaufte Königinnen eingeweiselt werden. Da Ableger im Gegensatz zum bereits überwintertem Wirtschaftsvolk erst im nächsten Jahr Honig liefern, können Sie sie mit bewährten Methoden frühzeitig von der Varroamilbe befreien (siehe ab Seite 152).

Die frühzeitige Entnahme von verdeckelten Brutwaben und/oder Bienenmasse wird auch als „Schröpfen" bezeichnet und kann bereits im April gemacht werden, um beispielsweise andere, schwache Völker zu verstärken und einer Schwarmstimmung des geschröpften Volk vorzubeugen. Dieses Ausgleichen der Volksstärke erleichtert das gemeinsame Abernten der Völker, stellt aber auch immer eine Möglichkeit dar, Krankheiten und Milbenlasten zu verteilen, sodass solche Eingriffe unbedingt in den Stockkarten notiert werden sollten.

Gerade „Kümmerlinge" sollten sich möglichst allenfalls durch Aufsetzen (siehe Seite 101) berappeln und zeigen, dass sie es ohne künstliche Brutzugaben selber schaffen.

In der Großraum-Magazinimkerei braucht es keine zusätzlichen Ablegerkästen. Mit einem Schied eng und warm gehalten, kann der Ableger in einer Brutraumzarge Platz finden. Nur wenn Sie gleich mehrere Ableger in einer Zarge unterbringen möchten, sind bienendichte Trennschiede und ein entsprechender Ablegerboden erforderlich, um die Bienen und ihre einzelnen Königinnen wirklich voneinander zu trennen. Dann sollten passend zugeschnittene Folien jedes Ablegerabteil auch von oben abdecken, sodass die Abteile einzeln inspiziert

Übersicht verschiedener Ablegerformen und ihrer Zusammenstellung

Königin / Brut & Waben	mit alter Königin	mit neuer Königin (im Käfig)	ohne Königin (schaffen selbst nach)
verdeckelte Brut	ja	ja	ja (viel erforderlich)
offene Brut	möglich	nein	ja, junge Brut (max. 3 Tage), Eier
Weiselzelle(n)	nein	nein	möglich
Pollen auf der Wabe	ja	ja	ja
Futterwaben, ggf. Fütterung	ja	ja	ja
leere Wabe oder Mittelwand	ja (Platz zum Stiften)	ja (Platz zum Stiften)	bei Bedarf
Jungbienen von offenen Brutwaben	ja	ja	ja

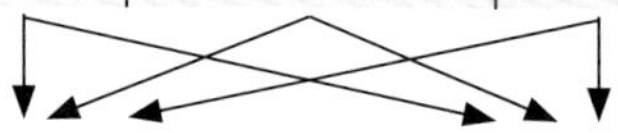

mit vielen Flugbienen (Flugling)	mit wenigen Flugbienen (Brutableger)
Der Ableger kommt an Standort des Muttervolkes, Muttervolk wird versetzt (am selben Stand)	Der Ableger kommt an neuen Standort 5 km weit weg oder bleibt am Stand mit verengtem Flugloch

werden können. Das Flugloch des Ablegers sollte möglichst klein gehalten sein, um eventuellen Räubern den Zugang zu erschweren.

Noch besser ist es, die Ableger auf einen Stand außerhalb des Flugradius (mehr als 5 km) zu verbringen, um das Zurückfliegen der Flugbienen zu verhindern. So bleiben die Ableger stark und die Flugbienen kommen nicht in Versuchung, den Ableger als bequeme Trachtquelle zu nutzen und nach und nach auszuräubern.

BRUTABLEGER BILDEN

Für einen Brutableger wird das spendende Muttervolk geöffnet und durchgesehen. Die für den Ableger vorgesehenen Brutwaben werden samt aufsitzender Bienen in die bereitgestellte Ablegerbeute umgehängt.

Wenn der Ableger nicht an einen anderen Stand verbracht werden kann und nicht als Flugling auf den alten Standort kommt, sollten Sie kurz mit der Hand auf den Oberträger klopfen, um die leichtflüchtigen Flugbienen zum Abfliegen zu veranlassen, die Jungbienen bleiben eher auf den Waben sitzen.

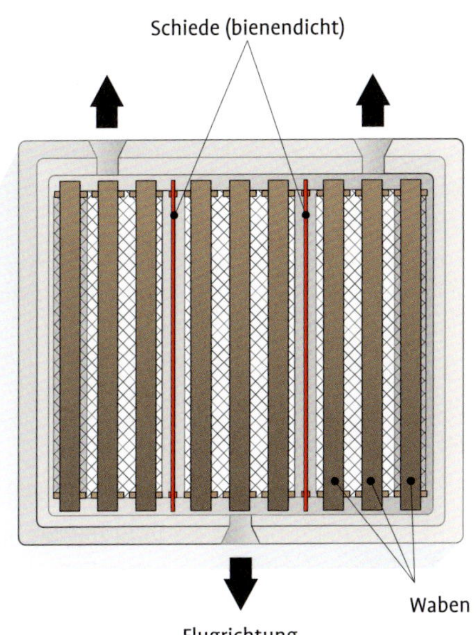

Beispiel für die Bildung von drei Ablegern in einer Zarge unter Verwendung des Segeberger™ Ablegerbodens. Der Ausflug erfolgt zueinander versetzt und bei bienendichten Schieden und passenden Abdeckstreifen ist diese Haltung eine bienengerechte Alternative zu winzigen Begattungskästchen. Bei einsetzendem Trachtmangel sollten die Einheiten getrennt und gefüttert werden.

Da die Großraum-Brutwaben wesentlich mehr Brut aufweisen als die kleinen Formate wie DN oder Zander, können Sie sparsamer sein als die klassischen Empfehlungen vorgeben. Im Mai genügen je nach Zusammensetzung der Brut auf der Wabe ein bis zwei Rähmchen.

Generell tut es dem Ableger gut, wenn er stärker gebildet wird, allerdings schwächen Sie damit das Muttervolk, von dem Sie sich auch noch reichlich Honig versprechen. Daher sollte die Großzügigkeit auch ihre Grenzen haben. Miniableger können Sie auch noch bei der Honigernte verstärken, indem Sie die abzuschleudernden Honigräume über eine Bienenflucht aufsetzen. Untersuchungen zeigen, dass Mai-Ableger mit 2000 Arbeiterinnen und einer unbegatteten Königin bis zum Herbst noch ausreichend starke Völker aufbauen können.

Sie können dem Brutableger noch eine Futterwabe zuhängen, die beispielsweise aus überschüssigen Vorräten gut überwinterter Völker stammen kann. Ansonsten ergänzen Sie mit ein bis zwei Mittelwänden. Anfangsstreifen werden in solchen Ablegern zu schönen Arbeiterinnenwaben im Naturbau ausgebaut, da der Ableger vor allem Arbeiterinnen heranziehen will. Allerdings sind dafür genug bauwillige Arbeiterinnen nötig, sodass diese eher etwas später ausgebaut werden können.

Die Frage, ob offene Brut dabei sein muss, hängt letztlich davon ab, ob der Ableger eine Königin bekommt oder selber eine heranziehen soll. Während ein Ableger mit der zugesetzten Altkönigin keine

GUT ZU WISSEN

Wählen Sie vornehmlich Waben mit großflächig verdeckelter Brut, da Ableger immer zunächst Arbeiterinnen in Form abfliegender Sammlerinnen verlieren, vor allem wenn der Ableger am selben Stand bleibt. Idealerweise sollte eine Wabenseite auch Pollen enthalten, damit der Ableger ein paar Reserven für die offene Brut hat.

Die Weiselprobe

Wer sich nicht sicher ist, ob eine Königin im Volk ist, kann eine Weiselprobe durchführen – sofern ein zweites Volk vorhanden ist, das eine Wabe mit junger, offener Brut spendet. Diese Wabe wird einfach in oder an das Brutnest gehängt und nach zwei bis drei Tagen inspiziert:
Ein weiselloses Volk wird dann deutlich sichtbare Weiselzellen auf der Wabe angelegt haben. Erfolgt dies nicht, so ist eine Königin (womöglich nicht eierlegend) oder aber bereits weit entwickelte Drohnenmütterchen im Volk, die noch nicht an der typischen Form der Eiablage erkennbar sind (siehe Seite 133).

Brutpause einlegen wird und daher vor allem leere Zellen zur Eiablage braucht, ist ein Brutableger ohne Königin immer mit einer Wabe zu versorgen, auf der Eier, sehr junge Larven oder sogar bereits gepflegte Weiselzellen vorhanden sind.

Es bietet sich an, zur Schwarmzeit einfach eine Wabe mit überzähligen Weiselzellen in den Ableger zu geben. Kritiker dieses Verfahrens bemängeln, dass auf diese Weise natürlich auch auf schwarmfreudige Völker selektiert wird. Investieren Sie also von Zeit zu Zeit etwas Geld in den Ankauf von Königinnen erfahrener Züchter und

Brutdistanzierung (Demarée-Plan)

Wer in den Schwarmmonaten längere Zeit nicht nach den Bienen schauen kann, kann mit dieser Methode recht effizient jeden Schwarmtrieb für längere Zeit unterdrücken, sofern die schwarmanzeigenden Weiselzellen noch sehr jung sind (gerade erst bestiftet):

- Dazu wird praktisch ein brutloser Flugling in einer neuen Zarge mit Altkönigin und einer einzigen offenen Brutwabe (ohne Weiselzellen) sowie Mittelwänden gebildet.
- Diesem wird die Brutraumzarge mit den restlichen Brutwaben und Bienen oben aufgesetzt, nur durch Absperrgitter und Honigraum getrennt. Die Jungbienen pflegen dort die Brut und beginnen häufig durch den Abstand zur Königin mit dem Nachziehen einer neuen Königin. Alle Bienen benutzen weiterhin ein gemeinsames Flugloch und wärmen/versorgen einander, sodass die Ablegerpflege entfällt. Ein zweites Flugloch über dem Absperrgitter ermöglicht Drohnen und nachgezogener Königin den Ausflug.
- Dieses Doppelvolk kann nach Abklingen der Schwarmfreude komplett getrennt oder wieder vereinigt werden.

ziehen Sie bewusst von schwarmträgen Völkern beispielsweise mit der 2 × 9-Methode nach (siehe Seite 132).

Für die eingehängten Brut-, Bau- und Futterwaben braucht es noch etwas Belegschaft – vor allem, wenn der Ableger auf demselben Stand bleibt und die umgehängte Brutwabe nicht so dicht belagert war. Dazu wird eine weitere Brutwabe über dem Ablegerkasten abgestoßen. Wählen Sie Brutwaben mit junger, offener Brut, denn hier halten sich die Jungbienen auf. Ihre Überzahl fördert letztlich auch die Schwarmstimmung im Muttervolk, die es zu mindern gilt. Auch hier sollten Sie mit einem ersten leichten Schlag kurz die alten Flugbienen aufscheuchen, außer es ist gerade ein Flugling geplant.

SONDERFORM FLUGLING

Eine Sonderform des Ablegers ist der Flugling, bei dem nicht der Ableger einen neuen Standort erhält, sondern das spendende Muttervolk. Solch ein Flugling braucht wesentlich weniger Belegschaft, denn er verstärkt sich praktisch ganz von alleine.

Der Flugling gilt als sehr effizient, um unmittelbar schwarmbereiten Völkern in letzter Minute die Lust am Schwärmen zu nehmen.

Das Prinzip der Brutdistanzierung (Demarée-Plan): Bei rechtzeitiger Durchführung bewirkt die Trennung ein rasches und dauerhaftes Abklingen der Schwarmneigung. Das Volk kann später entweder ganz geteilt werden oder auch wieder in einer Brutzarge vereinigt werden.

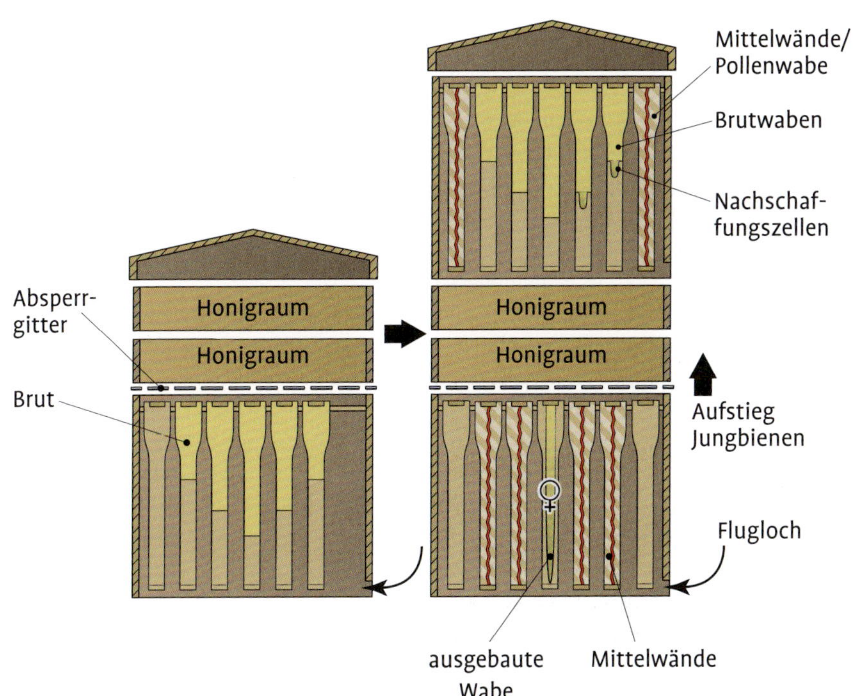

Der Ableger wird an die Stelle des Muttervolkes gestellt und die Flugbienenmasse kommt ihm ganz zugute. Das Muttervolk verliert hingegen seine Flugbienen an den Flugling und Jungbienen müssen schneller als sonst nachrücken, um die Lücke zu füllen. Der Flugling kann mit oder ohne die alte Königin gebildet werden.

BRUTFREIE ABLEGER UND VERSTÄRKUNG

Es ist auch möglich, einen gänzlich brutfreien Ableger über das Kunstschwarmverfahren zu erstellen, beispielsweise im Zuge der Honigernte. Die Bienen aus dem Honigraum sind vor allem Stockbienen, die daher kaum zum alten Volk zurückkehren.

Wird eine Bienenflucht verwendet, die über eine Leerzarge unter die Honigräume geschoben wird, sammeln sich die aus dem Honigraum wandernden Bienen dort als Bienentraube und lassen sich als Kunstschwarm anderen Völkern zugeben oder mit einer Königin versehen.

Ein elegantes Verfahren, um beispielsweise die im Mai gebildeten Brutableger zu verstärken, ist, die Honigräume samt Bienenflucht (es können auch Honigräume von verschiedenen Völkern sein) auf einen Ableger aufzusetzen. So lassen sich auch Minivölkchen mit legender Königin zu vollwertigen Ablegern aufrüsten.

ABLEGER AUFSTELLEN UND PFLEGEN

Es ist möglich, den Ableger über einen speziellen Ablegerboden, einer Platte oder Folie, dann mit einem in die Zarge geschnittenen Flugloch, einem anderen Volk aufzusetzen. Dies spart Boden und Deckel und der Ableger bekommt praktisch eine „Bodenheizung" durch das Altvolk. Allerdings ist die Bearbeitung des unteren Volkes dann umständlicher, weil der Ableger erst beiseite gestellt werden muss. Dieser Platz kann auch nur als Übergangslösung dienen, weil der Ableger schnell an Gewicht zunehmen wird.

Ableger entwickeln sich besser und schneller, wenn sie gefüttert werden. Zu viel des Guten kann aber auch zum Problem werden, beispielsweise wenn der langsamere Naturwabenbau nicht hinterherkommt und eine voll legende Altkönigin Platz zum Stiften braucht.

Daher gibt es keine einfachen Rezepte in Form von „Füttern Sie xx Liter Zuckerwasser alle xx Tage". Füttern Sie der Stärke, dem Wetter und der Tracht angepasst und erweitern Sie dem Baufortschritt entsprechend. Bei stabilem, gutem Flugwetter und ausreichender Tracht und Volksstärke kann es gut sein, dass auch genug Futter draußen gefunden wird. Beim Erweitern mit neuen Rähmchen muss das Schied weiterwandern, sodass die Gemeinschaftspflege mehrerer Ableger in einer Zarge bald sein Ende finden wird.

KÖNIGINNEN FINDEN, ZEICHNEN UND AUSTAUSCHEN

Die Königin finden Sie häufig auf Waben mit Stiften, während sie sich auf Pollen- oder Futterwaben selten blicken lässt. Die Suche wird erleichtert durch das andersartige Bewegungsmuster der Königin, daher ist es manchmal besser, nicht direkt auf die Wabe, sondern leicht daneben zu schauen – im Augenwinkel fällt die Königin als einzige Biene auf, der wirklich alle anderen Platz machen. Die Königinnensuche fällt natürlich leichter, wenn das Volk noch klein ist – wer also bis zum Spätsommer erfolglos gesucht hat, sollte sich den März nach der Überwinterung vornehmen. In der zweiten Monatshälfte ist es oft warm und sonnig genug für das Schiedsetzen; dann findet sich die Königin problemlos.

Königinnen lassen sich mit gut sichtbaren Plättchen in den fünf Jahresfarben ihrer Geburt zeichnen. Die Zeichnung ist sinnvoll, sobald die Königin stiftet, weil sie dann die Beute nur noch im Schwarm verlassen wird.

Das Zeichnen ist mit einer freistehenden Zeichenhilfe aus Stempel und Plexiglas einfach und sicher – verwenden Sie dabei wasserfesten Holzleim oder gelartigen Sekundenkleber. Diese haften weitaus besser als der gängige und kurzlebige Opalith-Zeichenkleber. Mit einem angefeuchteten Zahnstocher lässt sich das Plättchen sicher auf den Brustpanzer der Königin setzen, wo es sie nicht behindern wird. Nach einem Moment Trocknungszeit können Sie die Königin wieder in die Wabengasse des Volkes entlassen.

Das Zusetzen einer Königin („Einweiseln“) oder der Tausch („Umweiseln“) ist manchmal nicht ganz einfach. Grundsätzlich steigt die Annahmebereitschaft für eine stockfremde Königin im Volk, je mehr die Möglichkeit schwindet, eine eigene nachzuziehen. Weisellose Völker lassen sich daher im September besser neu bestücken als Völker mit noch offener Brut im Mai.

Die Annahme hängt auch von der Königin ab. Im Regelfall werden aktiv eierlegende Königinnen (beispielsweise bei der Vereinigung mit Ablegern) eher angenommen als frisch begattete oder gar frisch geschlüpfte.

GUT ZU WISSEN

Entmilben Sie auch Ableger mit geeigneten Methoden zum richtigen Zeitpunkt (siehe Seite 159).

Jahresfarben zum Zeichnen der Königinnen

Farbe	Geburtsjahr endet auf	Beispiele
Blau	0 und 5	2020, 2025, 2030, ...
Weiß	1 und 6	2021, 2026, 2031, ...
Gelb	2 und 7	2022, 2027, 2032, ...
Rot	3 und 8	2023, 2028, 2033, ...
Grün	4 und 9	2024, 2029, 2034, ...

Rezepte zum Einsetzen der Königin gibt es viele:

- Das allgemein übliche Verfahren ist das Zusetzen in einem, mit einem Batzen Futterteig verschlossenen Zusetzkäfig, der durch die Stockbienen aufgenagt wird. Das aufnehmende Volk muss weisellos sein und am besten keine offene Brut mehr aufweisen.
- Im Test ebenso erfolgreich war das Zusetzen unter Rauch, bei dem das weisellose Volk über das Flugloch und von oben sehr stark beräuchert wird, ehe die neue Königin direkt in die Wabengasse entlassen wird. Nach weiteren Rauchstößen von oben wird der Kasten wieder verschlossen.
- Wenn Sie sich im Mai oder Juni eine teure Zuchtkönigin schicken lassen, sollten Sie sie jedoch zunächst in einen Kunstschwarm einweiseln, ehe dieser dann im Herbst mit dem zuvor entweiselten Wirtschaftsvolk vereinigt wird. Dies gilt als das sicherste Verfahren.

2 × 9 ZUR NEUEN KÖNIGIN

Das Nachziehen von Königinnen ist einfach und wer nicht tiefer in die Königinnenzucht einsteigen oder auf Belegstellen gezielt verpaaren will, kann dies einfach auf dem Stand bewerkstelligen.

Dazu eignet sich die „2×9-Methode“ nach Wolfgang Golz:

- Nach Entnahme der alten Königin werden nach 9 Tagen alle (!) angelegten Nachschaffungszellen gebrochen und eine Wabe mit junger offener Brut und Stiften des nachzuchtwürdigen Spendervolkes eingehängt.
- Nach weiteren 9 Tagen werden die auf dieser Wabe angelegten Nachschaffungszellen geprüft und die kleineren Zellen mit den weiter entwickelten Königinnen gebrochen, da diese aus den älteren Larven herangezogen wurden. Von den restlichen wird das Volk die beste wählen.

GUT ZU WISSEN

Da man mit dem Verwenden der Weiselzellen schwarmfreudiger Völker zur Ablegerbildung zwangsläufig auf Schwarmfreude selektiert, lohnt es sich, gezielt von schwarmträgen Völkern nachziehen zu lassen.

Völker vereinigen und auflösen

Das Auflösen und Vereinigen von Bienenvölkern setzt zunächst eine gründliche Durchsicht voraus, denn nur wirklich gesunde Völker sollten miteinander vereinigt oder aufgelöst werden, um eine Verbreitung der Krankheiten – ob Milben, Viren, Pilze oder Bakterien – über Brut und/oder Bienen zu verhindern. Besteht an der Gesundheit eines Volkes Zweifel, ist dessen Abtötung über das Abbrennen von Schwefelstreifen in einer in den Brutraum gestellten, leeren Konservendose die gängige, aber im Regelfall sehr selten erforderliche Maßnahme.

Das Vereinigen von Bienenvölkern – sei es zum Verstärken oder Reduzieren der Völkeranzahl zur Wintereinfütterung hin – können Sie mit Großraum-Magazinbeuten genauso durchführen wie mit mehrzargigen Systemen.

Möchten Sie die Auswahl der Königin dabei nicht der Natur überlassen, so entnehmen Sie die überzählige Königin aus dem einen Volk und setzen es über eine Lage Zeitungspapier, die leicht mit Wasser besprüht ist und einige eingestochene Löcher aufweist, dem weiselrichtigen Volk auf. Nach wenigen Stunden haben sich die Tiere durch die Zeitung gearbeitet und die Völker vereinigen sich. Einige Tage danach werden dann die Waben in der unteren Zarge kombiniert, dunkle dabei zum Wabenrecycling ausgesondert.

Die Vereinigung können Sie auch unter Trennung von der Brut durchführen, indem das Volk, deren Königin man nicht behalten möchte, wabenweise vor dem aufzunehmenden Volk abgestoßen wird. Dann sollten Sie jedoch ein fluglochbreites und bis zum Boden reichendes Brett anlegen, sodass die Bienen bequem einlaufen können. Normalerweise werden die Wächter die Königin nicht passieren lassen – mit einem Absperrgitter vor dem Flugloch können Sie aber dabei auf Nummer sicher gehen.

GUT ZU WISSEN

Möchten Sie bis zum Herbst die Zahl an Ablegern reduzieren, können Sie dieses Verfahren bis etwa Mitte September gut praktizieren. Dann ist auch eine gute Zeit, um alte Königinnen gegen Nachfolgerinnen auszutauschen (siehe Seite 132).

DROHNENBRÜTIGES VOLK

Das Auflösen von Bienenvölkern ist eigentlich nur dann erforderlich, wenn man es mit einem hoffnungslos weisellosen und drohnenbrütigen Volk zu tun hat. Solche Völker zeigen „Buckelbrut“: das ist Drohnenbrut, die sich in viel zu kleinen Arbeiterinnenzellen entwickelt hat und deren Puppen weit über den Zellenrand „buckelig“ vorstehen.

Diese Eier wurden von Arbeiterinnen („Drohnenmütterchen“) gelegt, die nach mindestens vier Wochen Abwesenheit einer Königin begonnen haben, eigene, unbefruchtete Eier zu legen. Beim aufmerk-

Die Ablage mehrer Eier in eine einzelne Zelle kann ein Zeichen für die Anwesenheit von Drohnenmütterchen sein.

samen Blick in die Waben zeigen sich oft gleich mehrere Eier in einer Zelle.

Die Drohnenmütterchen sind optisch kaum von ihren Stockgenossinnen zu unterscheiden und können nicht herausgelesen oder mit dem Absperrgitter herausgesiebt werden. Werden selbst bei der Weiselprobe (siehe Kasten Seite 128) keine Weiselzellen angezogen, obwohl keine Brut zu finden ist, oder scheitern wiederholte Versuche, eine neue Königin einzusetzen, muss man mit der Anwesenheit von Drohnenmütterchen rechnen und sollte die Auflösung solcher Völker in Betracht ziehen.

Gerade beim Auswintern im März können solche weisellosen Völker nicht mehr gerettet werden, da die in die Jahre gekommenen Winterbienen kein Volk mehr aufbauen können, ein Vereinigen mit einem weiselrichtigen Volk kann jedoch das Leben der dortigen Stockmutter bedrohen.

Zum Auflösen wird das Volk zunächst kräftig mit dem Smoker bearbeitet, damit die Bienen ausreichend Futter aufnehmen und sich dann auch erfolgreich woanders einbetteln können. Es wird allgemein empfohlen, die Beute auszuräumen und alle Waben mindestens 50 m von den nächsten Bienenvölkern entfernt abzustoßen, sodass die Arbeiterinnen abfliegen können und die schlecht flugfähigen Drohnenmütterchen zurückgelassen werden.

Allerdings geben die Drohnenmütterchen wie Königinnen Pheromone ab und binden so einen erheblichen Teil der Arbeiterinnen wie in einer Schwarmtraube an sich. Es bilden sich daher manchmal gleich mehrere kleine Bienentrauben, die über Tage dort bleiben können und nur zögerlich kleiner werden. Stoßen Sie die Bienen daher abseits häufig begangener Wege ab, damit keine Unbeteiligten betroffen werden.

Alles im Griff? Wabenhygiene

Die Bauerneuerung ist für die Gesunderhaltung des Volkes essenziell. In den Brutwaben reichern sich Larvenhäute, Umweltgifte und Krankheitserreger an und erhöhen das Risiko von Krankheitsausbrüchen. In der heutigen, eher schwarmvermeidenden Volksführung ist es Aufgabe des Imkers, für diese wichtige Bauerneuerung zu sorgen, indem pro Jahr mindestens ein Drittel der Brutwaben neu gebaut werden.

Begleitende Bauerneuerung

Die begleitende Bauerneuerung beginnt bereits beim Einsetzen des Schieds im zeitigen Frühjahr, wenn Waben hinter das Schied wandern. Jetzt können auch die ersten dunklen oder schimmeligen Randwaben in den Schmelztopf wandern.

Wer ohne Schied imkert, kann bei den Durchsichten dunkle Brutwaben aus dem Bereich des Brutnestes an den Rand hängen, sodass sie nach dem Auslaufen der Brut leicht entnommen werden können. Wer mit Schied imkert, kann dies erst im Sommer praktizieren, wenn der Brutraum komplett freigegeben ist. Die Bauerneuerung kann aber be-

Eine helle, unbebrütete Wabe voller verdeckeltem Honig (links) vs. eine mehrfach bebrütete und auszusondernde Altwabe (rechts).

Grundlagen der Wabenhygiene

- Es werden keine bebrüteten Waben, selbst wenn diese noch „hell“, pollen- oder futterhaltig sind, über den Winter zur Wiederverwendung aufgehoben.
- Waben eingegangener Völker werden nicht anderen Völkern zugehängt, selbst wenn darin noch viel Futter, Pollen oder Brut enthalten sind – sie sollten auf Krankheitsanzeichen untersucht und entsprechend entsorgt werden.
- Jedes Großraum-Magazinvolk sollte mindestens drei bis vier Waben pro Jahr ausbauen.
- An die Bienen wird, wenn überhaupt, nur eigener Honig verfüttert.
- Sofern nicht im Naturbau geimkert wird, sollten verwendete Mittelwände höchste Güte und ein Rückstandszertifikat haben, ggf. aus eigenem Wachs umgearbeitet werden.

reits vorbereitet werden: Die Erweiterung wird stets nur auf der Fluglochseite (bei Warmbau) vorgenommen und die bei der Schiednutzung besonders stark bebrüteten Waben wandern allmählich nach hinten.

Eine weitere Möglichkeit ist die Nutzung von Brutpausen, wie sie nach der Entnahme der Altkönigin, beispielsweise bei Ablegerbildung oder nach dem Schwarmabgang, entstehen können. Dann lassen sich oft gleich mehrere Waben mit nur noch geringen Brutflächen entnehmen. Weder diese noch Pollen- oder Futtervorräte sollten von der Entnahme abhalten – ein gesundes Volk kann diese Verluste verkraften.

Die begleitende Bauerneuerung ist in der Regel ausreichend, um den gewünschten Wabendurchsatz zu erreichen. Selbst Naturbau wird bei der sommerlichen Auffütterung noch willig errichtet.

Vollständige Bauerneuerung

Die totale Bauerneuerung ist ein radikaler Neuanfang, der sich anbietet, wenn im Zuge der „totalen Brutentnahme“ für die Varroabekämpfung die komplette Brut vom Volk getrennt und eine Brutscheune (siehe Seite 165) angelegt wird. Es besteht auch bei am Stand ausgebrochenen Krankheiten wie Nosema, Kalkbrut u. a. die Chance für einen kompletten Neuanfang, wenn die bisherigen Maßnahmen nicht gegriffen haben.

Dabei bildet man bei stabiler, warmer Wetterlage mit dem gesamten Volk einen Kunstschwarm (siehe Seite 119) und schlägt diesen in eine neu eingerichtete Beute mit Mittelwänden oder Anfangsstreifen ein. Unter Fütterung, sofern nicht von außen Tracht hereinkommt, werden die Rähmchen zügig ausgebaut und das Brutnest neu angelegt.

Wachsrecycling

Ausgesonderte dunkle Waben können beim Kauf von Wachsmittelwänden dem Händler in Zahlung gegeben werden. Allerdings bekommt man dafür nur einen sehr geringen Betrag, da der Verarbeitungsverlust noch recht hoch ist. Zudem sind die Waben bis dahin allenfalls im Tiefkühler oder in dicht verschlossenen Kunststoffkisten gut zu lagern, weil sie sonst tropfen, müffeln und allerlei Getier von Ameisen bis Wachsmotten anlocken.

Eingeschmolzen, aufgereinigt und zu handlichen Blöcken geformt, wird das gelbe Wachs dahingegen duftend, lagerfähig und auch für den Endkunden interessant, sei es zum Kerzengießen, Modellieren oder Imprägnieren.

WABEN EINSCHMELZEN

Zur schnelleren Verwertung werden gerne Sonnenwachsschmelzer verwendet, die nach dem Gewächshausprinzip nur die Sonne zum Schmelzen nutzen. Hierbei braucht es Geduld, einen Sonnenplatz und einen Schmelzapparat mit großer Auffangschale und bienendichtem Verschluss.

Für einen schnellen Durchsatz bei den großformatigen Waben wird man um den Selbstbau eines entsprechenden Gerätes nicht her-

Beim Einschmelzen alter Brutwaben im Dampf bleiben die braunen Puppenhüllen im Schmelztrichter zurück.

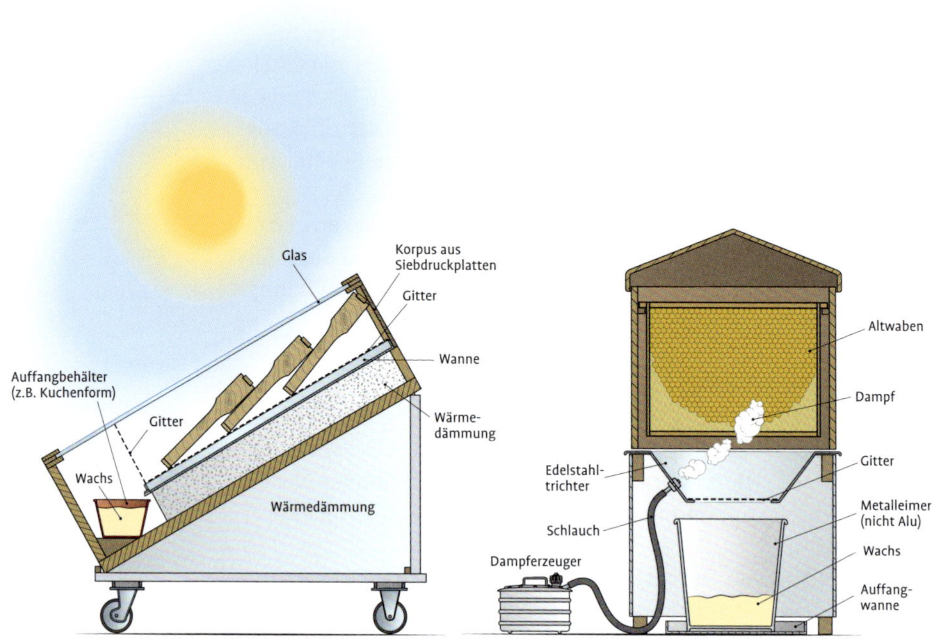

Altwaben lassen sich energiesparend im Sonnenwachsschmelzer einschmelzen. Soll es schnell gehen, ist der Dampfwachsschmelzer gerade bei größeren Mengen eine Alternative.

umkommen. Der Vorteil ist die schnelle Verwertung selbst einzelner Waben, sofern das Wetter mitmacht.

Witterungsunabhängiger und auch nach Ende des Bienenfluges einsetzbar ist ein Dampferzeuger, wie er beispielsweise zum Tapetenablösen verwendet wird, mit einem Wabenschmelztrichter aus Edelstahl, zwei ausgemusterten Zargen und einer dicht schließenden Abdeckung. Die Waben werden in der Zarge über dem Schmelztrichter im Dampf geschmolzen und das Wachs in einem unter den Trichter gestellten Topf oder Eimer gesammelt. Der Trester verbleibt dabei auf dem Sieb.

Dieses Verfahren funktioniert sehr gut bei Brut-, Pollen- oder Leerwaben, braucht aber länger bei Futterwaben, denn der hohe Gehalt an Honig und Sirup macht das Aufheizen zu zeit- und stromkostenintensiv. Ein solcher Aufbau lohnt sich in der Regel nur für größere Wabenmengen. Wie beim Sonnenwachsschmelzer verbleibt relativ viel Wachs im Trester.

Besser ist das Ausschneiden der Rähmchen und Aufschmelzen in einem großen Topf mit reichlich Wasser. Großimkereien tauchen einfach das ganze Rähmchen in ein sprudelnd kochendes Wasserbad, beispielsweise in einem Brüh- oder Schlachtkessel. Aber das Verfahren ist auch gut für Imker mit wenigen Völkern geeignet, sofern man einen ausreichend großen Topf, etwa aus der Gastronomie, günstig erstehen kann.

Zur Trennung wird das Wachs-Wasser-Trestergemisch durch einen feinen Nylonstrumpf passiert und in einem konisch zulaufenden Eimer aufgefangen. Zur Erhöhung der Ausbeute kann der Trester dann in einem groben Leinensack, am Boden beschwert, sodass das Wachs durch die Maschen nach oben steigen kann, erneut in heißem Wasser ausgekocht werden. Alternativ ist Filtrieren durch ein Wachsseihtuch möglich, indem der noch heiße Trester mit einer Knüppelpresse über dem Wachseimer ausgewalkt wird.

WACHS REINIGEN

Das im (konisch zulaufenden) Plastik- oder Edelstahleimer möglichst langsam, beispielsweise durch isolierendes „Einpacken" des Eimers, abgekühlte Wachs lässt sich in der Regel als kompakter Block lösen und das Wasser-Honig-Pollen-Gemisch bienenunzugänglich entsorgen. Die Unterseite des Wachsblocks wird sauber gekratzt und das Wachs noch einmal mit etwas Wasser, am besten im Edelstahleimer in einem Wasserbad bei ca. 65 °C, aufgeschmolzen und erneut langsam abgekühlt.

Diese Reinigung kann bei Bedarf mehrmals wiederholt werden. Füllt man das Wachs danach in saubere, geleerte und oben aufgeschnittene 1-l-Getränkekartons ab, erhält man rund 900 g schwere

Eine Knüppelpresse holt den letzten Rest Wachs aus dem in ein Wachsseihtuch eingeschlagenen Trester und kann die Ausbeute um bis zu 30 % erhöhen.

Mit einer Mittelwandpresse kann man das eigene Wachs zu Mittelwänden gießen, um es wieder in den Völkern zu Waben ausbauen zu lassen.

und auch für kerzengießende Wachskäufer gut aufzuschmelzende Blöcke.

Wer sich als Kleinimker mit wenigen Völker diesen Aufwand nicht machen will (in der Regel ergibt eine ganze DN 1,5-Zarge allenfalls Wachs für ein paar Teelichter), kann die Waben auch zerschneiden und im Kompost entsorgen – dann aber sehr gründlich mit Erde bedecken, damit die Immen nicht auf den Geschmack kommen. Obacht bei der Entsorgung in der Bio-Tonne oder im Müllcontainer des Hauses – so manche Tonnen werden in kürzester Zeit derart von Bienen belagert, dass die Müllabfuhr die Tonnen einfach stehen lässt, anstatt zu leeren. Bei dieser Entsorgung immer dicht schließende Müllsäcke verwenden und die Waben gut einpacken.

Wichtig zu wissen!

Beim Schmelzen oder Reinigen von Wachs sollten weder Aluminium noch kalkhaltiges Wasser (kein Leitungswasser, sondern nur Regenwasser oder demineralisiertes Wasser) mit dem Wachs in Kontakt kommen, da dies zu Wachsverfärbung und unerwünschten „Verseifung“ führt.

Das Aufschmelzen fester Wachsblöcke auf dem Herd kann zur Entzündung oder zum explosiven Siedeverzug führen – besser und sicherer ist die Verwendung eines temperierten Wasserbades.

Honigernte – die Jagd nach dem „flüssigen Gold“

Die Honigernte beschränkt sich für die meisten Imker auf einen Zeitraum zwischen Mai und Anfang Juli. Generell erhöht häufiges Abernten die Gesamtausbeute, aber auch die Erntearbeit in erheblichem Maße. Hier muss jeder für sich ein persönliches Optimum zwischen Erntemenge, Arbeitsaufwand und Bedarf finden.

Im urbanen Umfeld mit guter Tracht kann man als Standimker auch ohne Verwendung des Schieds mit rund 20 bis 40 kg Honig je Volk rechnen – mit dem Schied und gezielter Anwanderung lohnender Trachtgebiete kann man diesen Ertrag auch weit über 50 kg steigern.

Der Honig ist erntereif, wenn die Wabe zu Dreiviertel verdeckelt ist. Allerdings kann dieses Verdeckeln selbst reifer Honige manchmal eine ganze Zeit lang unterbleiben, wenn noch viel Tracht hereinkommt und die Bienen keine Schlechtwetterflugpause einlegen müssen.

Hilfreich ist die Spritzprobe, bei der eine Honigwabe mit den Öffnungen nach unten kräftig abgestoßen wird: dann darf der Honig nicht herausspritzen. Mit einem Refraktometer lässt sich der Wassergehalt einzelner Zellen auch stichprobenartig messen, bei Waben aus dem Randbereich sollte er unter 18 % liegen.

GUT ZU WISSEN

Die Leistung der Honigbienen wird angesichts der Tatsache, dass es tatsächlich rund 300 kg Honig sind, die ein Bienenvolk im Jahr produziert, noch beeindruckender. Doch das meiste davon findet gleich den Weg in den „sozialen Magen“ des Biens, sodass für den Winter etwa 20 bis 40 kg vorgesehen sind. Rund 20 Millionen Kilometer sind für diese Jahresleistung zu erfliegen!

Schleuderreife Honigwabe im Naturbau (DN 0.5).

GUT ZU WISSEN
Ein Honig-Refraktometer können Sie im Internet schon für unter 100 € erwerben. Allerdings lohnt es sich, etwas mehr Geld auszugeben, wenn es leichter zu bedienen sein soll. Auch bei Kunstlicht sollte es deutlich und scharf abzulesen sein. Bei einfacheren Geräten kann besonders das Eichen mittels Eichblock, Nelken- oder Olivenöl und Schraubenzieher geradezu artistische Fingerfertigkeit erfordern.

Alle von Bord? Bienenfreie Honigräume

Honigbienen lassen sich nur schwer von den Früchten ihrer Arbeit trennen – das Abfegen Wabe für Wabe ist gerade bei den kleinen Rähmchenformaten zeitaufwendig und fördert Räuberei, sodass man sich bei steigender Volkszahl automatisch nach Alternativen umschauen wird.

Berufsimker mit einer großen Zahl an Honigräumen verwenden oft starke (ab ca. 3,8 m^3/min Luftdurchsatz) Laubbläser mit breiter Flachdüse. Dazu stellen sie die Zarge auf eine Seite und blasen mit einem flachen Aufsatz in die Gassen. Dies erfordert jedoch Strom vor Ort oder recht laute und teure Benzingeräte.

Üblicher ist die Verwendung einer Bienenflucht (siehe Seite 52), die, am besten über eine Leerzarge, unter die abzuschleudernden Honigräume eingeschoben wird. Das Absperrgitter bleibt dabei auf dem Brutraum. Etwa zwölf Stunden später sind die Bienen weitgehend zurück in den Brutraum gewechselt und die Honigräume können zügig abgenommen werden. Sie sollten dann rasch abgeerntet werden, weil der noch warme Honig besser aus den Waben fließt.

Entdeckelungstechnik im Vergleich – Entdeckelung mit Heißluft (links), mit der Entdeckelungsgabel (Mitte) und dem Entdeckelungsmesser (rechts).

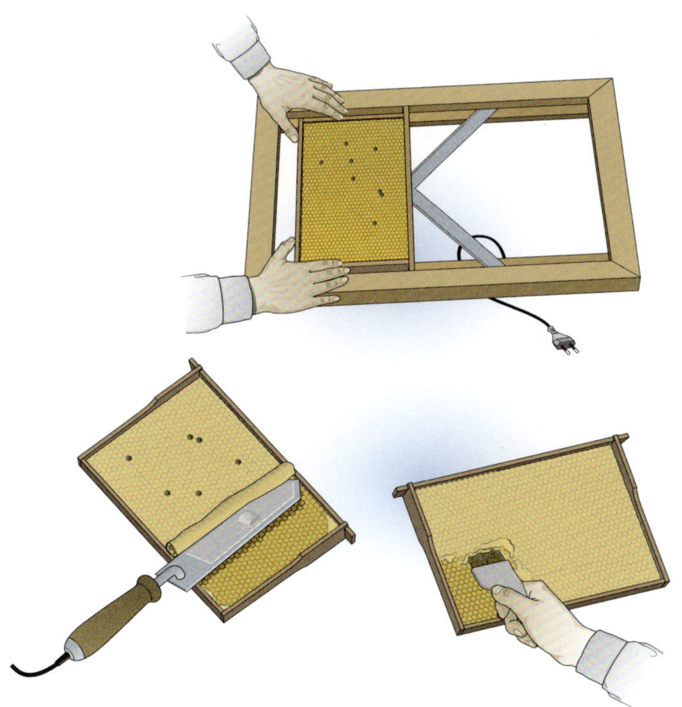

Die Entdeckelung mit der Gabel (unten rechts) ist preiswert und flexibel. Bei geeignetem Wabenbau sind Entdeckelungsmesser (unten links) oder Heißluftfön (nicht gezeigt) schneller. In Osteuropa findet man auch starr montierte Entdeckelungsmesser im Einsatz (oben).

Man kann dieses Verfahren mit der Ablegerbildung oder -verstärkung kombinieren (siehe Seite 127). Nachteilig dabei ist die erforderliche doppelte Anfahrt zum Bienenstand. Idealerweise findet die Ernte morgens statt, sodass man den Bienen am selben Tag wieder die Zargen mit den geleerten Waben aufsetzen kann und kein frisch eingetragener Nektar den Honig verwässert.

Entdeckeln mal anders

Das gängigste Verfahren zur sauberen Trennung des Honigs von den Waben unter Erhalt des Wabenwerks ist die Verwendung der Honigschleuder. Hierzu müssen die Waben entdeckelt werden. Da die Honigwaben in der Großraum-Magazinimkerei generell unbebrütet sind, hat man gleich drei Methoden zur Wahl – jedes mit Vor- und Nachteilen (siehe Tabelle Seite 145).

Da man durch die kleinen Honigräume generell mehr Waben zu bewegen hat, ist die Bedeutung der Entdeckelungsgeschwindigkeit nicht zu unterschätzen. Die zwar universell einsetzbare und günstige Entdeckelungsgabel mag hier nicht unbedingt die beste Wahl sein. Wenn möglich, probiert man die verschiedenen Methoden zuvor aus oder sollte sie zur Verfügung haben.

Mit dem beheizbaren Entdeckelungsmesser können die Waben besonders schnell entdeckelt werden.

GUT ZU WISSEN

Das bei einigen Entdeckelungsmethoden anfallende Deckelwachs ist besonders rein und bietet sich für die Herstellung eigener Mittelwände oder besonders hochwertiger, duftender Kerzen an. Für Mittelwände sollten Sie dem Deckelwachs jedoch noch einen Anteil Brutwabenwachs beigeben – die enthaltenen Propolis-Bestandteile machen die Mittelwände geschmeidiger und weniger bruchanfällig.

Für das Entdeckelungsmesser (ein Tortenbodenmesser mit Wellenschliff tut es auch) sind übrigens nicht zwingend Dickwaben notwendig – es funktioniert bereits, wenn die Zelldeckel nur etwas über die Oberträgerkante hinausragen, wie es auch bei normalen Wabenabständen häufig der Fall ist. Im osteuropäischen Raum sind als Weiterentwicklung des Entdeckelungsmessers Holzrahmen mit beheizter, dreieckiger Klingenleiste im Einsatz, gegen die das Rähmchen geschoben wird. Dies ermöglicht ein sehr schnelles Arbeiten, doch solch ein Gerät sucht man im deutschen Imkerbedarfshandel leider (noch) vergeblich und muss es sich selber bauen. Aus Österreich stammt der Tipp, zur Entdeckelung eine Kunststoff-Stippwalze aus der Heideimkerei zu verwenden. Dieses schnelle Verfahren führt jedoch zu einem sehr hohen Wachsanteil im Honig.

Verschiedene Entdeckelungsmethoden

	Entdeckelungsgabel	Heißluft	Beheiztes Entdeckelungsmesser
Gerätebezug	Imkereibedarf	Heißluftföhn mit breiter Düse (Baumarkt, ca. 2000 W)	Imkereibedarf
Zubehör	Entdeckelungswanne mit Siebeinsatz	großer Karton als Spritzschutz	Entdeckelungswanne mit Siebeinsatz
Anschaffungskosten	<10 € (ohne Entdeckelungsgeschirr)	ca. 20 €	ca. 150 € (ohne Entdeckelungsgeschirr)
Anwendung	Abheben der Zelldeckel von unten	Aufschmelzen der Zelldeckel bei ca. 10 cm Abstand von oben	Abschneiden der Zelldeckel unter säbelnder Bewegung von der Seite (unter Erwärmung)
Anfall Entdeckelungswachs	ja	nein	ja, viel
Honiganteil im Entdeckelungswachs	ja, mäßig	nicht anfallend	ja, bei Dickwaben viel
Geschwindigkeit	langsam	sehr schnell	schnell
Anwendbar bei	allen Waben	nur unbebrütete Waben mit Lufteinschluss unter Deckel, Wabendeckel dürfen nicht mit Honig benetzt sein	über Rähmchenrand leicht vorstehende Waben oder Dickwaben, gleichmäßiger Wabenbau ohne „Senken“
Auswirkung auf Schleuderergebnis	keine, gute Leerung	vereinzelt schlechtere Leerung durch Wulstbildung	keine, gute Leerung
Nebenwirkung	schnelles Zusetzen des Doppelsiebs am Schleuderauslauf	Stromverbrauch, starkes Aufheizen des Schleuderraumes, Spritzen, Wärmeschaden am Honig soll vernachlässigbar gering sein	Stromverbrauch, Wärmeschaden am Honig soll vernachlässigbar gering sein
Auswirkung auf nächste Schleuderung	keine	verstärktes Verdeckeln von Leerzellen oder ohne Lufteinschluss, sodass die Methode beim 2. Entdeckeln der Wabe schlechter funktioniert	keine

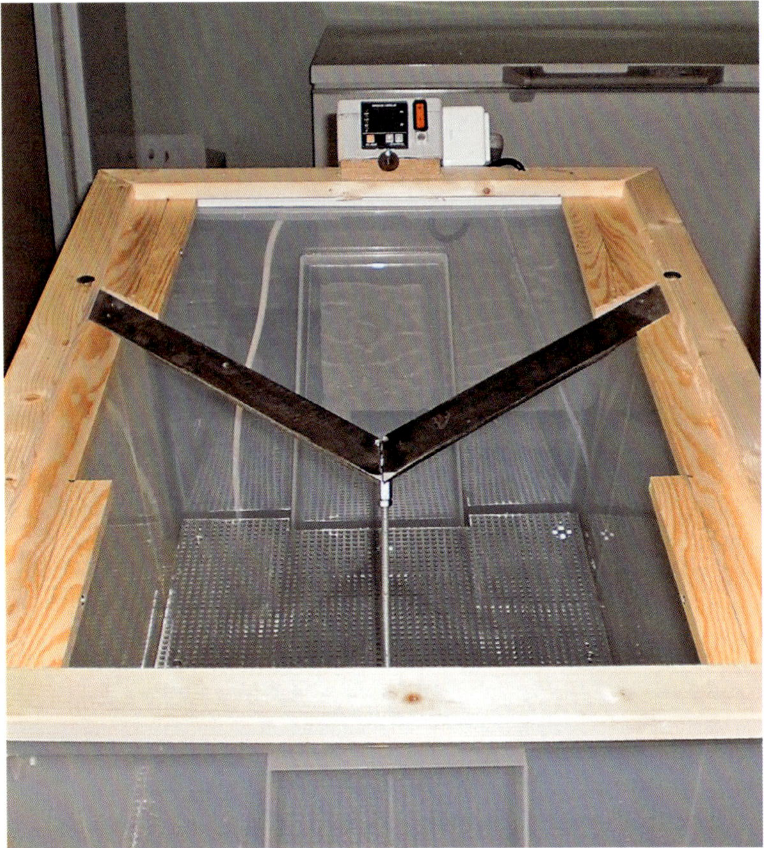

Nachbau eines osteuropäischen Entdeckelungsgeräts, bei dem das zu entdeckelnde Rähmchen gegen ein beheizbares Messer geschoben wird.

GUT ZU WISSEN

Wer ohne Schleuder für den Eigenverzehr Honig ernten will, kann die verdeckelten Waben auch mit einem Messer aus den Rähmchen schneiden, in einem Küchensieb zerdrücken und abtropfen lassen oder ihn mit einer Obstpresse vom Wachs trennen. Reiner Naturwabenbau der Bienen kann auch bedenkenlos mit verzehrt werden – der zarte Wachsbau gibt dem Brotaufstrich eine interessante und delikate Note.

Honig ernten

Das Schleudern in der Großraum-Magazinimkerei unterscheidet sich nicht von dem anderer Maße. Auch hier gilt, dass vor allem Naturbauwaben oder sehr große Waben zunächst auf beiden Seiten kurz und langsam angeschleudert werden, ehe die eigentliche Ernte bei höherer Umdrehungszahl beginnt. Das Herantasten an die richtige Geschwindigkeit lernt man in der Praxis schnell, ein gewisser Wabenbruch ist aber zumindest im Naturbau kaum zu vermeiden. Gebrochene Waben werden von den Bienen auch gut repariert, sofern die Bruchstücke noch großformatig sind und von selbst an der richtigen Stelle im Rähmchen bleiben. Sonst sollten sie lieber sauber herausgeschnitten werden.

Der Honig wird noch stockwarm über ein Doppelsieb und ein feines Spitzsieb gesiebt und in rückenfreundlich-tragbaren Eimern (beispielsweise 12,5-kg Volumen) zu einem möglichst kühlen, trockenen und sauberen Lagerplatz transportiert.

Mithilfe eines Dreibein-Gestells wird der noch warme Honig durch ein Spitzsieb passiert.

Nicht nur ein Augenschmaus: fein gesiebter Honig.

Wabenhonig im Glas: Vorbereitung des Honigraums.

WABENHONIG

Die niedrigen, schnell gefüllten Honigräume bieten die Chance auf scharfes, trachtgenaues Abernten und damit auf Sortenhonige. Wenn bei enger Trachtfolge Wabe um Wabe gefüllt wird, aber sich eine Schleuderung noch nicht lohnt oder die Zeit dafür fehlt, kann man die gefüllten Waben etwa durch Reißzwecken markieren, um sie später dann der Reihe nach abzuschleudern.

Im reinen Naturbau ohne Drahtung können Sie die Honigwaben mit einem scharfen Messer heraustrennen und dicht verschlossen bis zum Verzehr aufbewahren. Dabei müssen Sie Abstand zum Rähmchen halten, damit kein Holzspan in den Wabenhonig gelangt.

Wabenhonig im Glas: Die ausgebauten Gläser mit einer kurz vor der Verdeckelung stehenden Honigwabe.

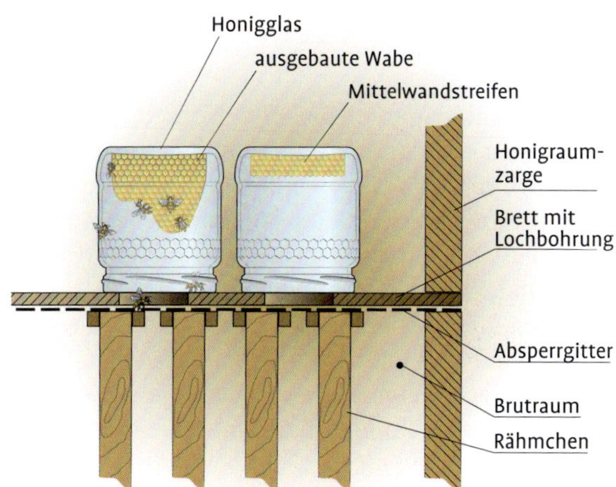

Wabenhonigbau im Glas ist eine besondere Spezialität, die eng gehaltene Völker bei guter Tracht voraussetzt.

Ein besonderes Produkt ist der Honigwabenbau im Glas, entwickelt von Wolfgang Jenke. Dazu sind sehr starke und eng gehaltene Völker sowie eine starke Tracht nötig.

Den Völkern wird eine Platte aufgesetzt, die mit einem Topfbohrer möglichst honigglasweite Löcher erhalten hat. Als Absperrgitter empfiehlt sich ein untergeschobenes, flaches Stanzgitter. Auf die Löcher werden Honiggläser gestülpt, an deren Boden je ein Stück Naturbauwabe fixiert ist. Möglich sind auch Mittelwandstreifen.

Die Bienen werden, der Enge und Trachtlage folgend, diese Gläser mit dicht gepacktem, fantasievollen Waben verbauen. Nach dem Verdeckeln des Honigs können die Gläser abgenommen, die Bienen abgestoßen und die Gläser verschlossen werden. Aufgefüllt werden sollte, wenn überhaupt, nur mit klarem, nicht kristallisierendem Robinienhonig. Ein so verpackter Wabenbau ist eine echte Spezialität – auch fürs Auge – und kann nur in kleinen Mengen abgegeben werden.

Abschäumen ganz einfach

Nach einigen Tagen bildet sich auf dem gesiebten Honig eine Schaumschicht aus Luftbläschen und feinsten Wachspartikeln. Diese kann sehr gut mit Frischhaltefolie entfernt werden:
Die Folie wird ganzflächig und luftblasenfrei auf den Honigspiegel aufgelegt und dann zügig abgezogen. Dann wird sie an einer Ecke über eine Schale aufgehängt, um den anhaftenden Abschäumhonig darin abtropfen zu lassen. Diesen kann sich der Imker dann mit gutem Gewissen aufs Brötchen schmieren.

Bienenkrankheiten

Es gibt zahlreiche Krankheiten, die unseren Honigbienen zusetzen. Viele davon gewinnen erst dann die Oberhand, wenn das Immunsystem der Bienen angeschlagen ist. Feuchte oder kühle Standorte, aber auch Wasser- oder Futtermangel, kühle Witterungsverläufe, Varroamilben und auch Pestizide stressen das Bienenvolk und fördern den Ausbruch von Krankheiten wie Nosema oder Ruhr.

Die Bekämpfung dieser Krankheiten erfolgt daher in erster Linie durch Maßnahmen, die den Bautrieb, die Bauerneuerung und den Bienendurchsatz fördern. Bei manchen Krankheiten spielt auch eine genetische Disposition eine Rolle, sodass Umweiseln ebenfalls hilfreich sein kann.

Viele Viren nutzen inzwischen aber das „Milbenshuttle" und werden durch die Varroamilbe direkt in die Bienenlarven injiziert – sie betreffen daher faktisch jedes Bienenvolk und für ihre Bekämpfung ist eine ständige Kontrolle und Bekämpfung der Milbe unerlässlich.

Amerikanische Faulbrut

Manche Krankheiten treffen gerade die vitalsten und stärksten Völker – wie bei der Amerikanischen Faulbrut, für die von Guido Eich der passende Satz geprägt wurde: *„Es braucht fleißige Bienen für faule Brut."*

Reinigung und Desinfektion

Beuten und Rähmchen von erkrankten oder abgestorbenen Völkern sollten immer gereinigt werden, bevor sie in einem neuen Volk zum Einsatz kommen. Sie lassen sich dazu wie folgt (mit zunehmender Reinigungswirkung) putzen:

- Ausschmelzen der Waben in der alten Beute im Dampf, Abkratzen der Reste und anschließend Abspritzen mit Hochdruckreiniger.
- Einweichen hartnäckiger Verschmutzungen wie Kot nach Durchfallerkrankungen in wässrigen Reinigungslösungen, z. B. Imker Reiniger oder Chlor-Reiniger wie Clorix (TM).
- Reinigung der ausgeschmolzenen Rähmchen in einem alten Geschirrspüler mit Natronlauge.
- Einlaugen über Nacht in 5 %iger Natronlauge.
- Abflammen (nur Holz/Metall) mit offener Flamme, bis sich das Holz verfärbt (wirkt auch gegen Faulbrutsporen).
- 3–5 min. Einlegen in kochender 3 %iger Natronlauge (wirkt auch gegen Faulbrutsporen). Anschließend gut abspülen, trocknen und ggf. neu streichen (ungeeignet für verzinkte Metalle), Kunststoffe können sich verbiegen.

Diese Krankheit wird vornehmlich durch die Räuberei starker Bienenvölker an zusammenbrechenden, erkrankten Völkern übertragen, sofern nicht der Imker selbst durch Umhängen infizierter Waben die Verbreitung fördert.

Da es für die Infektion rund 500 g Honig aus einem schwer an Faulbrut erkrankten Volk braucht, sind Honiggläser im Altglascontainer weniger ein Problem. Selbst Schwärme aus erkrankten Völkern lassen sich durch eine Hungerzeit von den Sporen befreien und die Völker sanieren, sodass die Verschleppung über Schwärme vermutlich kein wesentlicher Verbreitungsweg ist.

Die Amerikanische Faulbrut ist eine meldepflichtige Bienenseuche, deren Bekämpfung durch den Amtstierarzt angeordnet wird. Dies hat dieser Krankheit und den davon betroffenen Imkern leider ein gewisses Stigma verliehen, sodass Angst, Unwissenheit und Ignoranz häufig das Thema beherrschen. Dabei ist die Seuche gerade in Gebieten mit hoher Bienenvolkdichte, so etwa in manchen Großstädten, keineswegs selten.

Der Erreger *Paenibacillus larvae* vermehrt sich im Darm der Bienenlarve und führt zu ihrem Tod und der anschließenden Zersetzung zu einer klebrigen Masse. Diese trocknet zu einem fest sitzenden Schorf ein, der Millionen sehr langlebiger, robuster und infektiöser Sporen enthält. Beim Putzen solcher Schorfe werden die nächsten Zellen infiziert.

AFB ERKENNEN

Das Erkennen der auch mit AFB bezeichneten Krankheit ist nicht einfach, zumal auch andere Krankheiten wüten können, die die unauffällige Faulbrutsymptomatik überdecken. Dazu kommt, dass die auf Brutwaben zu findenden Symptome nur bei Infektionen mit dem Faulbrut-Bakterium des Typs ERIC I in größerer Zahl auftreten.

Solche Symptome können sein

- stehen gebliebene Zellen,
- eingesunkene Zelldeckel,
- Zelldeckel mit dunklen Flecken oder
- asymmetrische Zellen mit dünnen Zellwänden sowie
- die fadenziehende Masse aus befallenen Brutzellen.

Typ ERIC II, der in rund 25 % aller Faulbrutausbrüche auftritt, tötet die Larven jedoch schneller, sodass es nur 10 % der Larven bis zur Verdeckelung schaffen und dort zerfallen. Es müssen also sehr viele Zellen mit dem Streichholz angestochen werden, ehe sich mit dem Streichholz der typische Faden ziehen lässt.

Da die ausgeräumten Zellen schnell neu bestiftet werden, fehlt das löchrige Brutbild und das Volk kann über Jahre gesund erscheinen. Die fest am unteren Zellrand festklebenden und leicht überste-

Die Ausschlagprobe

Der Bienenseuchensachverständige Guido Eich empfiehlt die Ausschlagprobe bei krankheitsverdächtigen Völkern. Dazu werden ausgewählte Brutwaben (beispielsweise mit stehen gebliebenen Zellen, Zellen mit dünnen Zellwänden, die offenbar ausgefressen wurden, Zellen mit gelblichen oder verdrehten Larven) mit der offenen Seite nach unten kräftig auf den mit weißem Papier abgedeckten, harten Boden ausgeschlagen. Dadurch landen Larven, aber auch Milben und Flüssigkeiten auf dem Papier und können näher untersucht werden.

henden Schorfe („Querrillen" auf der Wabe) zeigen sich dann oft erst im dritten Krankheitsjahr. Daher ist die Ausschlagprobe (siehe Kasten) eine wichtige diagnostische Hilfe.

PROBEN NEHMEN

Sicherheit bekommt man jedoch nur über die Entnahme und Einsendung von Futterkranzproben. Dazu wird mit je einem neuen Esslöffel jedem Volk Honig samt Wachs aus dem Futterkranz um die Brut entnommen und in einem Gefrierbeutel (üblich sind Proben aus bis zu sechs Völkern je Beutel) zu einem entsprechend qualifizierten Labor geschickt. Bei positivem Befund sollte man zusammen mit dem Amtstierarzt und Bienenseuchensachverständigen die Möglichkeit zur Sanierung prüfen und nutzen.

Das negative Laborzeugnis ist eine wichtige Voraussetzung für die Erteilung eines Gesundheitszeugnisses durch den Amtstierarzt, das es für den Verkauf von Völkern oder Wanderung bedarf. Jeder Imker sollte es sich zur Gewohnheit machen, grundsätzlich alle ein bis zwei Jahre solche Futterkranzproben einzusenden. Eingefangene, fremde Schwärme sollten noch im Spätsommer beprobt werden.

GUT ZU WISSEN

Über den Imkerverein sind solche Futterkranzproben im Frühjahr oft kostenlos oder vergünstigt möglich.

Staatsfeind Nr. 1: Die Varroamilbe

Die vom Menschen mit Bienenexporten nahezu weltweit verschleppte Varroamilbe hat sich in unseren Völkern inzwischen gut etabliert. Als Parasit, der sich in der verdeckelten Bienenbrutzelle fortpflanzt, schwächt er die sich entwickelnden Bienen und überträgt eine Vielzahl verschiedener Bienenviren direkt auf die Larven. Das nur 1,6 mm kleine, rotbraune Spinnentier wird man in der Praxis kaum auf den Bienen sehen. Der angerichtete Schaden macht sich oft erst nach längerer Zeit bemerkbar: an schwachen Völkern und Völkerverlusten im Herbst oder Winter, schlechter Volksentwicklung und Ausbrüchen opportunistischer Krankheiten. Während sich der Ursprungswirt, die Östliche Honigbiene *Apis cerana*, gut mit diesem Parasiten

arrangiert hat, steht bei unserer Honigbiene noch ein langer Anpassungsweg an. Gezielte Zuchtprogramme sollen dies zwar beschleunigen, doch bis dahin muss sich der Imker mit diesem Parasiten auseinandersetzen, wenn er lange an seinen Bienen Freude haben möchte.

Verkrüppelte Flügel (wie bei der Biene auf dem Bild unter der gezeichneten Königin) sind ein Zeichen für das Flügeldeformationsvirus und hohen Milbenbefall.

FAMILIENLEBEN AUF ENGSTEM RAUM

Die weiblichen Milben lassen sich auf Pflege- und Baubienen zu den Brutzellen tragen, wo sie zielsicher in kurz vor der Verdeckelung stehende Zellen einwandern. Dort warten sie versteckt im Futtersaft am Grund der Zelle, bis die Pflegebienen die Zelle verschlossen haben. Dann beißen sie ein Futterloch in die Haut der Bienenlarve, aus der sich alle ihre Nachkommen bedienen werden.

Der erste Sprössling von Mama Milbe ist männlich und begattet alle weiteren, durchweg weiblichen Nachkommen noch in der Zelle.

Beim Öffnen der Brutwaben lassen sich Varroamilben in den befallenen Zellen entdecken.

Im Spätsommer vor den Beuten krabbelnde, verkrüppelte Bienen mit aufsitzenden Varroamilben sind ein Alarmzeichen – die Varroa- und Virenbelastung im Bienenvolk ist zu hoch.

Wichtig zu wissen über die Varroamilbe

- Die Milbe vermehrt sich in verdeckelter Brut, und zwar bevorzugt in Drohnenbrut.
- Die Milbe überträgt zahlreiche Krankheiten, darunter das DWV (Deformed Wing Virus), bei dem schlüpfende Bienen verkrüppelte Flügel haben.
- Die Kopfstärke der Milbenpopulation erreicht ihr Maximum etwas zeitversetzt zu dem des parasitierten Bienenvolks.
- Die Milbe findet sich zu jeder Zeit in jedem Bienenvolk und zwar bevorzugt in der verdeckelten Brut, ihre Kontrolle ist imkerliche Pflicht.
- Die Milbe verbreitet sich zwischen den Völkern durch räubernde, sich einbettelnde oder verfliegende Arbeiterinnen.
- Ein möglichst niedriger Befallsgrad zu Beginn des Imkerjahres ist nur durch eine Behandlung der Wintertraube zu erreichen.
- Die Befallskontrolle vor und nach der Behandlung ist für die Bewertung des Behandlungserfolges unerlässlich.
- Die Milbe überwintert auf den Bienen und ernährt sich dabei vom Fettkörper der erwachsenen Bienen, indem sie sich bevorzugt seitlich zwischen zwei Segmenten am Hinterleib der Bienen schiebt - dadurch schadet sie auch diesen erwachsenen Wirten.

Die Milben legen in der befallenen Wabenzelle einen gemeinsam genutzten Kotplatz an der Zelldecke an, den der Imker beim Blick in leere Brutzellen als weißliche Ablagerung erkennen kann.

Die Befreiung der begatteten Tochtermilben aus der Zelle erfolgt beim Schlupf der Biene – je länger es bis dahin dauert, desto mehr Kinder kann Mama Milbe in die Welt setzen. Daher ist für die Milbe Drohnenbrut durch ihre längere Entwicklungsdauer rund viermal attraktiver als Arbeiterinnenbrut und wird bevorzugt parasitiert.

Im Schnitt erzeugt jede Milbe 1,4 bis 2,6 neue Tochtermilben, sodass die Anzahl der Milben rasant wächst und es besonders im Herbst zur Mehrfachparasitierung der Brut kommt. Dadurch werden gerade die wichtigen, da lange Zeit nicht zu ersetzenden Winterbienen sehr stark geschwächt und Virenschadbilder (z. B. verkrüppelte Flügel) werden offensichtlich. Dann ist es für eine Behandlung jedoch oft schon zu spät.

SO BLEIBEN DIE BIENEN GESUND

Die Gesunderhaltung der Bienen basiert auf ständiger Kontrolle und Reduktion des Milbenbefallsdrucks, der Bauerneuerung und der Jungvolkbildung durch Ableger und Kunstschwärme auf möglichst neuem Wabenbau.

Von diesen Pflichten ist die Reduktion der Milbenbelastung die umstrittenste. Die Anwendung von Medikamenten im Bienenvolk oder das Vernichten der Drohnenbrut will einfach nicht zu der „Natürlichkeit“ und „Reinheit“ der Imkerei und der Bienenprodukte passen.

Abseits der bewährten Verfahren findet sich daher ein bunter Strauß an (selbst entwickelten) „Alternativen“, die jedoch weder veterinärmedizinisch zugelassen sind, noch wissenschaftlichen Prüfungen unterzogen wurden oder diesen standhielten.

Allerdings ist der Aspekt der „Zulassung“ für die Wirksamkeit einer Methode nicht ausschlaggebend. Da die Zulassung sehr anspruchsvoll sowie kosten- und zeitintensiv ist, wurde sie in Deutschland von nur wenigen Einrichtungen und Firmen für einige wenige Verfahren durchgeführt. Es existieren durchaus weitere, wirksame Behandlungen, die nur in anderen Ländern zugelassen sind oder die trotz vielversprechender Erfolge nicht weiter entwickelt wurden, wie z. B. Beta-Hopfensäure.

Da die Bekämpfung der Varroamilbe den besten Erfolg hat, wenn sie zeitgleich von allen Imkern eines Gebietes durchgeführt wird, ist eine Koordinierung mit den benachbarten Imkern sinnvoll und wird regional sogar durch offizielle Behandlungsempfehlungen oder amtstierärztliche Anordnung organisiert. Auf diese Weise wird das massenhafte Verschleppen von Milben aus stark belasteten Völkern wirksam minimiert.

BEFALLSKONTROLLE

Um die Größe der aktuellen Milbenpopulation abschätzen zu können, sind verschiedene Verfahren möglich. Davon ist das Köpfen und Ausschlagen der Drohnenbrut sicherlich nicht die angenehmste und auch nicht besonders aussagekräftig. Da gerade im Frühjahr nur wenige Milben im Volk sind, lässt sich so nur extrem hoher Befall entdecken – etwa wenn mehr als 10 % der geöffneten Zellen Milben aufweisen oder sogar mehrere Milben in einer Zelle zu finden sind.

Besser sind folgende Verfahren, die grundsätzlich bei allen Völkern eines Standes anzuwenden sind, da der Befall sehr unterschiedlich sein kann. Die Befallskontrolle sollte mindestens zweimal im Jahr vor der Sommer- und Winterbehandlung erfolgen.

Windelprobe

Den natürlichen Totenfall der Varroamilben können Sie durch Einschieben der Varroaschublade (der „Windel“) ermitteln. Diese wird für drei bis fünf Tage unter das Bodengitter eingeschoben und anschließend alle darauf gefundenen Milben – helle wie dunkle – gezählt. Das Ergebnis wird durch die Anzahl der Tage geteilt und so der tägliche Milbentotenfall ermittelt.

Eine Windel mit Speiseöl-getränkter Auflage liefert verlässliche Aussagen über den Milbenbefall.

Wann behandeln?

Für die Berechnung der Gesamtmilbenzahl kann man den täglichen Milbenfall mit zum Volkszustand passenden Faktoren multiplizieren: 500 im brutlosen Volk, 300 bei geringer und 500 bei starker Brutmenge. Doch für die Praxis nützlicher ist die Aussage, dass ein täglicher Milbenfall bei einem normal entwickelten Wirtschaftsvolk von mehr als zehn Milben vor der ersten Varroabehandlung (also Mitte Juni bis Ende Juli) einen akuten Behandlungsbedarf anzeigt. In der ersten Septemberhälfte sollte der natürliche Totenfall nicht über fünf und im November nicht über eine pro Tag liegen.

Diese Methode gilt als einfach, aber auch ungenau, da die Milben häufig von Ameisen aus den Schubladen getragen werden. Die Schubladen sollten deshalb nur für diesen Zeitraum eingeschoben werden. Das Einfetten der Schublade mit Speiseöl oder Melkfett kann den Austrag minimieren.

Ein weiterer Nachteil ist, dass sich die Relation zur Volksstärke schwer ermitteln lässt. Bei einem starken Volk mit viel Brut hat die Menge des Milbenfalls einen anderen Aussagewert als bei einem brutlosen Ableger. Dazu ist zu berücksichtigen, dass der Totenfall nach einer Behandlung über eine längere Zeit erhöht bleiben kann. So ist nach einer Ameisensäurebehandlung ein erhöhter Milbentotenfall für gut 14 Tage zu erwarten.

Bienenprobe
Die Bienenprobe ist ein Verfahren, das die Milbenzahl auf den Bienen ermittelt. Im Gegensatz zum natürlichen Totenfall gibt es bei dieser Methode keine Gefahr des Verschleppens durch Ameisen und eine recht genaue Relation zu der Bienenmasse, von der die Milben stammen.

Bienenprobe mit Spülmittel
Dieses Verfahren bietet sich besonders an, wenn es darum geht, den Milbenbefall bei im Winter abgestorbenen Völkern zu bewerten. Grundsätzlich klappt es auch mit Bienen aus dem Honigraum, die für diese Probe jedoch abgetötet werden müssen (z. B. im Tiefkühler).

Für die Probe wird ein zuvor gewogenes Einmachglas etwa zur Hälfte mit Bienen gefüllt und die Zahl der Bienen über das Gewicht bestimmt (100 Bienen wiegen etwa 10 g). Das Glas wird nach dem Abtöten der Bienen zur Hälfte mit Wasser gefüllt und mit einem Tropfen Spülmittel versehen. Nach dem Zuschrauben wird es kräftig geschüttelt. Dann wird es für 15 Minuten beiseite gestellt.

Empfehlungen des Bieneninstitutes Kirchhain für die Bewertung der Bienenprobe

Milben aus 50 g Bienen	Juli	August	September
Volk vorerst ungefährdet, Befallskontrolle alle 4 Wochen	<5 Milben	<10 Milben	<15 Milben
Behandlung bald erforderlich	5–25 Milben	10–25 Milben	15–25 Milben
Umgehende Behandlung erforderlich	>25 Milben	>25 Milben	>25 Milben

In dieser Zeit wird ein Honigdoppelsieb vorbereitet, indem ein Honigseihtuch in das untere Feinsieb gelegt wird. Nach erneutem Schütteln für rund 20 Sekunden wird das Glas über dem Spülbecken in das Doppelsieb geleert und die abgeseihten Bienen mit einer Handbrause kräftig abgespült. Die Milben landen so im Feinsieb und sind gegen das Seihtuch gut zu erkennen. Die Auszählung der Milben bezogen auf die Zahl der Bienen bestimmt den Handlungsbedarf (siehe Tabelle oben).

Bienenprobe mit Puderzucker

Dieses Verfahren ist eine bienenschonende Alternative, die sich für die Beprobung der Völker zwischen Juli und Oktober anbietet. Dazu muss trockenes, warmes Wetter herrschen und alle verwendeten Materialien müssen absolut trocken sein.

Benötigt werden ein 100-ml-Urinprobenbecher aus der Apotheke und ein Schüttelbecher. Dieser kann aus einem 1-kg-Joghurtbecher gefertigt werden, bei dem man den Boden ganzflächig abschneidet und durch ein zurechtgeschnittenes Gitter (Maschenweite 2,8 bis 4 mm) ersetzt (beispielsweise mit Heißkleber einkleben).

- Aus einer Randwabe des zu beprobenden Volkes werden Bienen (ohne Königin!) auf eine steife Abdeckfolie gestoßen und in den Urinbecher überführt, bis dieser randvoll ist. Dies sollten etwa 50 g Bienen sein (gegebenenfalls mit einer Briefwaage prüfen).
- Die Bienen werden umgehend in den Schüttelbecher umgefüllt, der mit dem Deckel verschlossen wird. Der Becher wird umgedreht und 5 Esslöffel Puderzucker, trocken und feingesiebt – entweder aus einem neuen Paket oder vorsichtig im Ofen getrocknet, zu den Bienen gegeben.
- Nun wird der Becher geschüttelt, sodass alle Bienen fein bestäubt sind. Nun bleibt der Becher für drei Minuten stehen und wird zwischendurch kurz geschüttelt.
- Dann wird das Feinsieb eines Honigdoppelsiebes auf einen Eimer gestellt und der Schüttelbecher umgekehrt darüber geleert. Dabei muss für rund eine Minute sehr kräftig geschüttelt werden, sodass Puderzucker und Milben in dem Sieb landen.

	Ameisensäure	Milchsäure	Oxalsäure
Zugelassen nach dem Arzneimittelrecht	60 % ad us. vet.	15 % ad us. vet.	Fertigpräparate wie beispielsweise Oxuvar
Anwendungsformen	wässrige Lösung, fertige Formulierungen auch in Kombination mit Oxalsäure verfügbar	wässrige Lösung	3,5 % in 1:1 Zuckerlösung, wässrige Formulierungen teilweise mit Ameisensäure kombiniert (Sprühbehandlung)
wirkt auf	Bienen (eng und weit sitzend), offene Brut, verdeckelte Brut	Bienen (nur locker/ verteilt sitzend)	Bienen – zum Träufeln: eng sitzend – zum Sprühen: locker/verteilt sitzend
anwendbar bei	Ablegern, Wirtschaftsvölkern (nach letzter Ernte), Brutscheune bei offenem Flugloch	brutlosen Ablegern, Wintertraube, wabenweise	Wintertraube, Schwarmtraube, brutfreien Völkern
zu beachten	Schutzbekleidung, Anwendung nicht bei gleichzeitiger Flüssigfütterung, Gitterboden schließen, Flugloch weit offen	Schutzbekleidung, Bienen nur leicht besprühen, kein Durchnässen	Bei Träufelbehandlung Schutzbekleidung, keine Wiederholung – Winter- oder (Kunst-) Schwarmtraube nur 1x träufeln, Sprühbehandlung leicht schräg von unten, kein Durchnässen der Bienen
Geeignete Witterung	kein Regen/niedrige Luftfeuchte, ca. 12 bis max. 30 °C	mind. 3 bis 5°C	mind. 3 bis 5°C
Nebenwirkung	Ausziehen der Bienen bei zu starker Verdunstung, gelegentlich Königinnenverlust, erhöhte Mortalität bei Brut/Jungbienen	keine erheblichen Auswirkungen bekannt	Beim Träufeln erhöhte Bienensterblichkeit, schlechtere Brutpflege und Erinnerungsleistung Bei der Sprühbehandlung sind keine erheblichen Auswirkungen bekannt
Anwendung	Verdunstung	Sprühen	Träufeln oder Sprühen
Anwendungsdauer	je nach Applikationsweise 24 Stunden (Kurzzeit) bis 14 Tage (Langzeit)	immer 2x im Abstand von wenigen Tagen	Träufeln: einmalig
Anwendungsabstand	je nach Befallsgrad, bei Kurzzeitverfahren 7 bis 14 Tage, bei Langzeitverfahren ca. 4 Wochen	je nach Bedarf (ca. 21 Tage nach Ablegerbildung)	Träufeln: keine Wiederholung, mehrfache Sprühbehandlungen im Abstand von ca. 14 Tagen möglich
Dosierung je Anwendung	Schwammtuch von oben: ca. 3 ml je Großraum-Brutwabe, sonst je nach Applikator und Anwendungsdauer 100 bis 200 ml je Anwendung (siehe Anleitung Applikator)	ca. 8 ml je Wabenseite (3–4 Sprühstöße)	30 bis 50 ml je nach Volksstärke direkt auf die Bienentraube geben, bei Bienenschwarm 15 ml/kg Schwarmgewicht, Sprühbehandlung nach Hertellerangabe

- Während die durchgeschüttelten, aber unbeschädigten Bienen zur Reinigung zurück in das Volk gegeben werden können, werden der Puderzucker durch das Sieb passiert und die zurückbleibenden Milben gezählt.

SCHNEIDEN DER DROHNENBRUT

Das einzige Verfahren, um Milben effizient aus dem Volk zu entfernen, ist die Entnahme mitsamt der von ihr befallenen Brut. Man kann davon ausgehen, dass in der Brutzeit etwa 80 % der Milben in der verdeckelten Bienenbrut sitzen, und zwar bevorzugt in der Drohnenbrut.

Daraus resultiert die Empfehlung, die Drohnenbrut regelmäßig zu entfernen. Bei Wirtschaftsvölkern, aus denen noch Honig gewonnen wird, ist dieses Verfahren das einzige, das zwischen dem 1. Januar und der letzten Honigschleuderung eines Jahres zur Anwendung kommen darf.

Aufgrund der exponentiellen Vermehrung der Milbe ist die frühzeitige und regelmäßige Entnahme der Drohnenbrut ein sehr effizientes Verfahren, selbst wenn man beim Öffnen der Zellen nur selten eine Milbe darin findet.

In einem seit 2008 laufenden Experiment am Landesbieneninstitut Hohen Neuendorf wurde gezeigt, dass so behandelte Völker im Sommer eine um 85 % reduzierte Milbenbelastung gegenüber unbehandelten Kontrollvölkern aufwiesen. Dabei wurden die frühzeitige und brutnestnahe (direkt hinter das Schied, aber nicht inmitten des

Dieser ganzflächig verdeckelte Baurahmen mit Drohnenbrut kann mitsamt enthaltener Milben ausgeschnitten werden.

Brutnestes) Gabe des Baurahmens und das regelmäßige Schneiden (und nicht nur Kappen und Auswaschen) der Drohnenbrutwaben als entscheidende Faktoren für den Erfolg identifiziert.

Die Drohnenbrut kann im Gefrierfach abgetötet und anschließend entsorgt werden. Man kann sie beispielsweise im Kompost untergraben, an Hühner oder Fische verfüttern oder Wildtierpflegestationen spenden, die damit gerne ihre Pfleglinge versorgen.

Inzwischen gibt es auch schon erste Rezepttipps, um die sehr hochwertige Bienenbrut auch der deutschen Imkerschaft schmackhaft zu machen. In Japan ist „Hachi-no-ko“ eine Delikatesse.

GUT ZU WISSEN

Wer mit Mittelwänden arbeitet, wird die Drohnenbrut bevorzugt im Baurahmen finden. Er kann mit einem Küchenmesser ausgeschnitten werden, sobald die Brut verdeckelt ist.

Wer im Naturbau imkert, wird die Drohnenbrut nicht komplett entnehmen können, weil sie sich nicht nur auf den Baurahmen konzentriert. Die Entnahme ist dennoch sinnvoll.

MACHT DER MILBE DAS LEBEN SAUER: ORGANISCHE SÄUREN

Derzeit sind drei organische Säuren verfügbar, für die es zugelassene Anwendungsverfahren gibt und die sich als ausreichend wirksam und sicher genug für die Bekämpfung der Milben erwiesen haben. Die Säuren lassen sich zum Teil auch aus natürlichen Quellen im Honig finden, sodass sie keine völligen Fremdsubstanzen darstellen. Nichtsdestotrotz ist ihre Anwendung grundsätzlich erst nach der letzten Honigentnahme bis zum Ende des Kalenderjahres statthaft, damit der Honig nicht damit belastet wird. Davon ausgenommen sind einige fertige Tierarzneien, die auch innerhalb der Saison angewendet werden dürfen. Beachten Sie die beigelegten Gebrauchsanweisungen.

Alle dieser Säuren wirken jedoch auch auf die Bienen nachteilig, sodass jede Anwendung mit Schäden bei Brut und Bienen verbunden sein kann. Dabei ist auf den Eigenschutz mit Säureschutzbrille, säurefesten Handschuhen, Schutzkleidung und ggf. Atemschutzmaske zu achten.

Ameisensäure

Die Ameisensäure (AS) ist der Klassiker unter den gegen Milben verwendeten Säuren. Sie ist auf die vielfältigsten Arten anzuwenden, hat aber auch erhebliche Tücken, da sie verdunstet wird. Da diese Verdunstung von der Luftfeuchte und Temperatur abhängig ist, ist die Anwendung immer etwas unberechenbar und kann manchmal auch bei scheinbar optimalen Bedingungen scheitern. Daher ist die Erfolgskontrolle der Behandlung wichtig. Als einzige aus dem Dreiergespann der Säuren wirkt diese Ameisensäure auch auf Milben in der verdeckelten Brut, sodass sie in Brutablegern, aber auch in Wirtschaftsvölker nach der letzten Ernte zum Einsatz kommen kann.

Zugelassen ist die Anwendung in 60 %iger Konzentration in Unterdruckverdunstern wie dem Nassenheider Verdunster. In der Praxis werden auch die 85 %ige Konzentration und andere Anwendungsverfahren wie das Schwammtuch eingesetzt. Untersuchungen ergaben jedoch keine signifikant bessere Wirkung der höherprozentigen Säure.

Auf dem Bodenschieber befinden sich abgestorbene Milben – helle, unreife Milben stammen aus Brutzellen, die vorzeitig ausgeräumt wurden oder in denen sie durch Ameisensäure getötet wurden.

Die Anwendungsdauer kann variabel sein. Üblich sind je nach Jahresverlauf, Varroabefall und Volksentwicklung zwei bis drei Anwendungen im Abstand von zwei bis vier Wochen nach der letzten Honigernte zwischen Anfang Juli und Ende September.

Da die Ameisensäuredämpfe schwerer als Luft sind und durch das Brutnest fallen sollen, sollte die Anwendung immer von oben direkt über dem Brutnest erfolgen. Dabei wird der Gitterboden geschlossen (eingeschobene Varroaschublade) und das Flugloch weit geöffnet.

Welches Schweinderl hätten's gern – die Applikator-Frage

Mit dem Nassenheider-Horizontal-Verdunster oder dem Liebig-Dispenser können Sie nicht viel falsch machen. Diese Systeme werden mit ausführlichen Anleitungen geliefert – sie sind eher für Langzeitbehandlungen gedacht und werden mit einer Leerzarge oder in ein Leerrähmchen über bzw. in dem Volk installiert. „Quick'n dirty" geht es mit dem Schwammtuch, das am Nachmittag an einem eher milden, trockenen Sommertag mit der tiefgekühlten, 60 %igen Ameisensäure getränkt auf die Oberträger über das Brutnest gelegt wird. Am nächsten Tag werden die nun weitgehend trockenen Tücher herausgenommen. In der Varroaschublade häufen sich jetzt die Milben. Die Wirksamkeit dieser Stoßbehandlung wird man jedoch auch an einer größeren Zahl toter Jungbienen vor dem Flugloch bemerken. Diese Anwendung ist sehr schnell, preiswert und es gibt weniger Zeitstress durch Regentage oder Fütterungsbedarf.

Die winterliche Träufelbehandlung mit warmer Oxalsäure sollte nur bei ausreichend starken, gesunden Völkern und nur ein Mal erfolgen.

Die Behandlung muss sofort unterbrochen werden, wenn sich die Bienen in großer Menge an der Beutenfront sammeln. Dann war die Verdunstung zu stark, das heißt, entweder die Lufttemperatur oder AS-Menge zu hoch oder das Flugloch zu klein.

Oxalsäure

Die Oxalsäure (OS) eignet sich in wässriger Lösung für die Sprühbehandlung oder unter Beigabe von Zucker zum Träufeln. Die Träufelbehandlung eignet sich für die Entmilbung dicht gepackter, brutfreier Bienentrauben – ob Bienenschwärme oder Wintertrauben. Sie wirkt nur auf aufsitzende Milben und nicht in der Brut, sodass es gerade für die Winterbehandlung wichtig ist, den richtigen Zeitraum abzupassen. Sie sollte grundsätzlich als Träufelbehandlung nur einmal zur Anwendung kommen, denn aktuelle Studien zeigen darmschädigende Wirkungen und signifikante Verkürzung der Lebensdauer.

Oxalsäure wird in 3,5 %iger Lösung (35 g Oxalsäuredihydrat auf 1000 ml Zuckerwasser 1:1) geträufelt. Die Lösung kann man in der Apotheke herstellen lassen oder als fertiges Präparat beziehen. Die fertigen Lösungen lassen sich einige Wochen gekühlt oder tiefgefroren, am besten in Anwendungsportionen aufgeteilt, rund ein Jahr aufbewahren. Das Auftauen erfolgt über Nacht im Kühlschrank und erst kurz vor der Anwendung wird die Säure im Wasserbad auf Stocktemperatur erwärmt.

Für die Winterbehandlung wird die Oxalsäurelösung stockwarm (am besten in einer alten Thermoskanne warmhalten) auf die Bienen in den besetzten Wabengassen geträufelt, etwa mit einer Glaspipette

Milbenbekämpfung mit fettlöslichen Mitteln

Außer dem als besonders „natürlich" betrachteten Thymol, einem ätherischen Öl, kommen auch immer noch chemische Akarizide wie Bayvarol zur Entmilbung in Frage. Neben dem Problem der Resistenzbildung bei den Akariziden haben sie alle das Problem, dass sie sich im Wabenbau anreichern. Thymol muss zudem für seine Wirksamkeit über lange Zeit im Volk verbleiben und kann sich so stark anreichern, dass es im nächsten Jahr geschmacklich oder geruchlich im Honig bemerkbar wird. Der Honig ist dann nicht mehr verkehrsfähig. Fettlösliche Milbenbekämpfung kann daher neue Probleme schaffen, während es alte löst.

und Pipettierhilfe (Peleus-Ball). Bei der Behandlung von Bienenschwärmen (15 ml OS-Lösung/kg Schwarmgewicht) kann das Mittel mit einem dünnen Schlauch an die Bienentraube geführt werden oder die Träufelung erfolgt durch das über dem Schwarm liegende Lüftungsgitter. Für die Sprühbehandlung brutfreier Völker im Sommer, z. B. nach der totalen Brutentnahme, hat sich die Oxalsäure als bienenfreundlichere Alternative zur Ameisensäure etabliert. Hierzu wird eine etwa 2,1 %ige Oxalsäurelösung verwendet, mit der alle bienenbesetzten Waben und Oberflächen im Beuteninneren angesprüht werden. Diese Sprühbehandlung ist im allgemeinen bienenverträglicher als die Träufelung.

In Deutschland ist das Verdampfen von Oxalsäure nicht zugelassen, obwohl es dafür inzwischen umfangreiche Erfahrungen aus anderen Ländern gibt, die bienenschonende und anwendersichere Verfahren gestatten. In einer vergleichenden Studie der verschiedenen Applikationsformen hat sich das Sublimieren als schonendstes Verfahren – insbesondere gegenüber dem Träufeln – herausgestellt. Im Prinzip wird die kristalline Oxalsäure mit speziellen Verdampfungsgeräten erhitzt, bis sie verdampft und sich dann als feiner Staub in der ganzen Beute und auf den Bienen niederschlägt. Voraussetzung ist ein aufgelockerter Bienensitz, wie er an milden Wintertagen die Regel ist. Die Einbringung erfolgt über das Flugloch, das ansonsten wie auch das Bodengitter während der Behandlung verschlossen wird. Bei allen Applikationsformen ist ein über mindestens eine Woche erhöhter Abfall der Varroa-Milben zu beobachten. Die Kontrolle des Behandlungserfolges kann etwa zwei Wochen nach der Behandlung durch Auszählen des natürlichen Totenfalls auf dem Bodenschieber geprüft werden.

Milchsäure

Die L(+)-Milchsäure wird als 15 %ige Lösung mit einer Blumenspritze oder Ähnlichem gesprüht und fand aus diesem Grund als Winterbehandlung nur wenig Verbreitung. Das wabenweise Auseinanderreißen der Wintertraube ist weder für die Bienen noch den Imker angenehm.

Sie wird zwei Mal im Abstand weniger Tage gesprüht, wobei die Bienen nur leicht benetzt und keinesfalls durchnässt werden dürfen. Die von der Milchsäure geschädigten Milben fallen innerhalb von 24 Stunden. Die geringe Haltbarkeit insbesondere geöffneter Milchsäure-Flaschen und die gegenüber Oxalsäure-Sprühpräparaten wesentlich schlechtere Wirksamkeit macht diese Säure zunehmend unattraktiv bei der Varroa-Bekämpfung.

DIE BRUTSCHEUNE: BAUERNEUERUNG UND VARROA-BEKÄMPFUNG IN EINEM

Die Brutscheune oder „Totale Brutentnahme“ ist ein Verfahren, das Bauerneuerung, Ablegerbildung und Varroabekämpfung in einem größeren Eingriff kombiniert. Es eignet sich gerade für Großraum-Magazinimker, da ihre Völker wenige, aber dafür große Brutwaben besitzen. Weniger geeignet ist das Verfahren für Spättrachtimker, die sich im Spätsommer noch Hoffnung auf Heide- oder Waldhonig machen und nur ein kleines Zeitfenster für Fütterung und Varroabe-

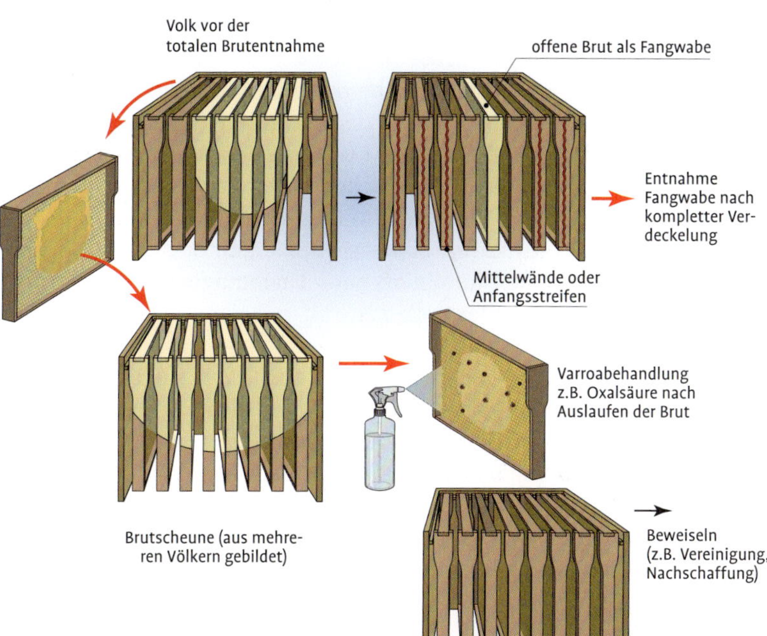

Die Brutscheune: Die totale Brutentnahme dient der Varroabekämpfung und der Bauerneuerung. Zwei Wochen vor dem Trachtende durchgeführt, sind keine Ertragseinbußen des Wirtschaftsvolkes zu erwarten, während die Brut milbenfrei gemacht werden kann.

Das Kafigen der Königin in speziellen, in die Wabe einzubauenden Käfige (hier mit geöffneter Zusetzöffnung) sorgt für Brutfreiheit binnen drei Wochen, damit die Varroabehandlung mit Oxalsäure möglich ist.

kämpfung haben. Für die Brutscheune braucht es zusätzliche Beuten und Rähmchen, sodass sich die Methode in dieser Form nur bei kleineren Völkerzahlen effizient durchführen lässt.

Dem Volk wird hierbei die komplette Brut entnommen, in der sich um diese Zeit im Jahr bis zu 80 % der Milben aufhalten. Wird dem Volk eine einzige, offene und möglichst kurz vor der Verdeckelung befindliche Brutwabe belassen (ideal ist eine Drohnenbrutwabe), dann fungiert diese als Fangwabe für die noch auf den Arbeiterinnen sitzenden Milben. Die Fangwabe kann nach der Verdeckelung entnommen und ausgeschnitten werden. Eine solche Fangwabe bietet sich auch bei anderen Völkern an, die sich in einer längeren Brutpause befinden, etwa in einem abgeschwärmten Volk.

Es ist sinnvoll, alle Völker eines Standes dieser Entnahme zu unterziehen, da so das Risiko von Räuberei und damit das Verschleppen der Milben untereinander minimiert wird. Unabdingbare Voraussetzung ist die Gesundheit aller Völker.

Das nun brutfreie Volk erhält für die entnommenen Brutwaben Mittelwände oder Anfangsstreifen. Besonders für den Ausbau von Anfangsstreifen müssen entweder noch Tracht und entsprechendes Flugwetter herrschen oder stetig gefüttert werden.

Die Bienen beginnen mit dem Ausbauen der Mittelwände und die Königin mit dem Stiften. Falls man keinen Honig mehr ernten möchte oder ihn bereits 7 bis 10 Tage nach dem Eingriff ernten konnte, kann man die Restentmilbung über die Fangwabe auch mit einer Oxalsäure-Sprühbehandlung ergänzen. Manche verbinden die Brutentnahme mit dem Bannwaben-Verfahren, indem sie statt der Fangwabe eine Bannwabe nutzen. Voraussetzung dafür ist, dass man die Königin bei der

Die Sprühbehandlung mit Oxalsäure erfolgt etwa eine Woche nach der Entnahme der Brut, sofern keine Fangwabe angeboten wird.

Brutentnahme sicher finden und bergen kann. Dann wird die Königin auf einer ausgebauten Wabe mittels eines speziellen, großen Käfigs „gebannt". Diese mit einem Absperrgitter gekäfigte Wabe kann nur von Arbeiterinnen erreicht und verlassen werden, während die Königin gezwungenermaßen hier nun das Brutnest neu anlegt. Hierzu ist darauf zu achten, dass die Königin auch auf die andere Wabenseite wechseln kann. Diese Bannwabe kann im 7-Tage-Rhythmus durch eine neue Wabe ersetzt werden, sodass mit jeder Wabe noch verbliebene Varroen entnommen werden. Die entnommenen Bannwaben sollten vernichtet werden. Länger als drei Bannwaben (3 Wochen) sollte man das jedoch nicht machen, damit die Bienen anschließend noch genug Zeit haben, ausreichend Volksstärke und Bienenmasse für den Winter zu erbrüten. Auf diese Weise kann man das Volk jedoch gänzlich ohne jede „Chemie" Varroafrei bekommen; Voraussetzung sind jedoch kopfstarke und gesunde Völker ohne sichtbare Varroa-Schäden und ein ausreichend früher Beginn vor der letzten Ernte.

Die entnommenen Waben der verschiedenen Völker werden zusammen in einer neuen Beute gesammelt, der Brutscheune. Die Brutscheune sollte am besten gleich außerhalb des Flugbereichs verbracht werden. Bleibt sie am Stand, sollte das Flugloch auf Fingerbreite verengt werden, da zu Beginn noch Gefahr besteht, das abfliegende Flugbienen zum Räubern zurückkehren. Manche Imker schließen daher das Flugloch auch für den Rest des Tages ganz (offener Gitterboden ist wichtig) und öffnen es erst am nächsten Tag.

Da große Mengen verdeckelter Brut enthalten sind, deren schlüpfende Bienen sofort die Versorgung der noch offenen Brut übernehmen, ist es nicht erforderlich, der Brutscheune besonders viele Bie-

Nach dem Auslaufen der Brut in der Brutscheune lassen sich die braunen, alten Waben frei von Brut und Vorräten für das Einschmelzen entnehmen.

Brutscheune: Der Fahrplan

- Durchführung bei warmer, stabiler Flugwetterlage und Tracht ca. zwei Wochen vor der letzten Schleuderung (Anfang bis Mitte Juni).
- Entnahme der gesamten Brut bis auf eine kurz vor der Verdeckelung stehenden Brutwabe (Fangwabe) unter weitgehendem Abstoßen von Bienen und Königin.
  Alternative zur Fangwabe:
  „Bannen" der Königin auf einer gekäfigten Wabe, die im Wochentakt entfernt und durch eine neue Wabe ersetzt wird (max. 2–3 mal).
- Ersatz mit Mittelwänden oder Anfangsstreifen, ggf. unter Fütterung.
- Sammeln der Brutwaben in einer Beute, ggf. über Nacht verschlossen oder auf neuen Stand verbracht.
- Flugfreigabe für die Brutscheune (nur sehr kleines Flugloch für min. 9 Tage).
- Entmilben der Brutscheune nach frühestens 9 bis 21 Tagen mit Ameisensäure oder nach 21 Tagen mit Oxalsäure.
- Ggf. Einweiseln nach Brechen der Weiselzellen (nach 9 Tagen) oder Vereinigung mit Ableger.
- Ziehen und Vernichten (beispielsweise Einfrieren) der Fangwabe nicht vergessen (etwa 10 Tage nach kompletter Brutentnahme).

nen zuzugeben. In der Regel reichen rund 400 je Seite aufsitzende Jungbienen. Allerdings sollten Pollen und Futter auf einigen Waben sein. Die Bienen der Brutscheune beginnen dann bald mit dem Sammelflug. Wird dies zum richtigen Zeitpunkt durchgeführt, zeigt das Wirtschaftsvolk keine reduzierte Honigleistung, da sich der Bevölkerungsknick erst dann bemerkbar macht, wenn die letzte Tracht vorbei ist.

Die Brutscheune kann dahingegen wie ein sehr großer Sammelbrutableger betrachtet werden, der stark mit Varroa belastet ist und nun aber mit Ameisen- oder Oxalsäure milbenfrei gemacht werden kann. Dann sind alle Milben geschlüpft und durch die Behandlung erreichbar. Die korrekte Dosierung der Ameisensäure ist anfangs wegen des kleinen Fluglochs und der zu Beginn nur geringen Zahl an Arbeiterinnen schwierig. Die Arbeiterinnen wären mit Brutpflege und Ventilieren der Beute arg gefordert, weshalb ich empfehle, die Behandlung erst nach dem Auslaufen der Brut mit einer Oxalsäure-Sprühbehandlung durchzuführen. Nach etwa 21 Tagen ist das der Fall und die neu nachgeschaffte Königin fängt gerade erst mit der Eiablage an.

Soll die Brutscheune eine neue Königin beispielsweise durch Vereinigung mit einem (bereits im Mai entmilbten) Ableger bekommen, so sind die Nachschaffungszellen neun Tage nach der Brutscheunenbildung zu brechen. Die Vereinigung sollte dann unmittelbar nach dem Auslaufen der Brut und der Oxalsäurebehandlung vorgenommen werden. Alternativ kann man das brutfreie, weisellose Volk auch gut mit einer Zuchtkönigin versorgen.

Winterverluste und Leichenschau

Trotz aller Sorgfalt und Umsicht trifft es jeden Imker einmal und zwar bevorzugt zwischen Oktober und April: Plötzlich ist das Summen verstummt. Das Bienenvolk ist tot – manchmal fehlen fast alle Bienen, manchmal finden sie sich zu Hunderten auf dem Beutenboden.

DIE SUCHE NACH DEN URSACHEN

Während sich Ursachen wie Mäusefraß, Räuberei oder Durchfallerkrankungen wie Nosema gut an den Wabenschäden und Verschmutzungen erkennen lassen, sind Winterverluste oft nicht gleich erklärbar. Die Bienen sitzen verklammt in den Wabengassen und dicht an dicht stecken viele kopfüber in den Zellen. Manchmal finden sich auf derselben oder der dahinter liegenden Wabe noch Futter oder kleine Brutflächen.

Bei solch einem Fund sollten zuerst Stockkarte und Aufzeichnungen geprüft werden: War das Volk bereits bei der Einwinterung oder der Winterbehandlung eher klein? Wann wurde es zuletzt richtig durchgesehen und wurde dabei die Königin gesehen?

Ein Durchfall-erkranktes Volk im Februar zeigt sich an braunen Kotflecken in der Beute.

Wintertod – hier gilt es, die Ursachen und die notwendigen Konsequenzen zu ermitteln, damit so ein Bild die Ausnahme bleibt.

Tatsächlich ist die Volkstärke der entscheidende Faktor. Kleinere Völker bilden kleinere Wintertrauben, deren Oberfläche im Verhältnis zum Durchmesser ungleich größer ist. Eine kleine Wintertraube mit 10 cm Durchmesser hat nur ein Volumen von einem halben Liter. Bei 20 cm ist die Oberfläche zwar viermal größer, das Volumen aber achtmal. Damit stehen mehr Bienen zur Verfügung, um diese Traube auch zu heizen. Da alle Völker im Winter kleiner werden, müssen die Überlebenden praktisch immer mehr leisten, zumal gegen Winterende auch das Brutgeschäft wieder aufgenommen wird. Kleine Völker überstehen diesen Schrumpfungsprozess schlechter und können das Brutgeschäft nicht oder nicht ausreichend wieder aufnehmen.

Dazu kommt, dass die Bienen ausreichend Wärme produzieren müssen, um beweglich zu bleiben und das kristallisierte Winterfutter in den Waben verflüssigen zu können. Ist das Volk bereits zu stark geschrumpft, verharrt es an einer Stelle und teilt noch das gerade erreichbare Futter, um dann schließlich zu verklammen und in kurzer Zeit an Ort und Stelle zu verhungern. Dies kann auch dann passieren, wenn ein Volk bereits Brut hat und sich dann beim Kälteeinbruch enger um die Brut zusammenzieht. Dann verlieren die äußersten Bienen den Kontakt zu den weiter außen liegenden Futterwaben und das Volk kann, je nach Dauer der Kälte und der volkseigenen Entscheidungsfreude, die Brut aufzugeben, neben den vollen Futterwaben sterben (sogenannter Futterabriss).

Manche Imker favorisieren daher, bei milden Phasen, also Temperaturen zwischen 5 und 10 °C, unter den Deckel zu schauen und gegebenenfalls Futterwaben dicht an die Bienentraube zu hängen. Da dies aber durch die Erschütterung beim Lösen der stark verkitteten Waben eine erhebliche Störung bedeutet, die bei den Bienen zum Abkoten im Stock und damit zu Krankheitsausbrüchen führen kann, lehnen andere Imker solche Eingriffe ab.

Tatsächlich wird man mit dem Umhängen von Futterwaben an eine eigentlich zu kleine Wintertraube nicht das eigentliche Problem lösen. Bei solchen Kümmerlingen wie auch bei eingegangenen Völkern gilt es zu klären, was die Ursache ist. Warum ist das Volk zu klein? Die klassische Antwort „Varroa!“ mag in vielen Fällen stimmen, manchmal übertüncht sie aber auch nur andere Krankheiten oder imkerliche Fehler, sodass man jedes eingegangene Volk einer „Leichenschau“ unterziehen sollte.

UNTERSUCHUNG DES TOTEN VOLKS

Bei einer Leichenschau sollte man immer so vorgehen, als habe man ein faulbrutbefallenes Volk vor sich und entsprechend hygienisch verfahren. Dafür wird nacheinander jede Wabe vorsichtig gezogen. Am besten geschieht dies mit Gummihandschuhen, weil auch größere Mengen Winterfutter herauslaufen können!

Jede Wabe wird von beiden Seiten begutachtet. Mit einer starken Lampe prüft man Inhalt und Form der Zellen. Dazu wird bei offenen Waben die Ausschlagprobe (siehe Kasten Seite 152) durchgeführt. Findet sich die Königin unter den Toten oder Weiselzellen? Sind noch Futter und Brut vorhanden?

Die toten Bienen auf dem Bodengitter und auf den Waben sollte man mit einer Pinzette und Lupe untersuchen. Bienen mit verkürzten Hinterleibern oder verkrüppelten Flügeln werden von augenscheinlich intakten, wohlgeformten Tieren getrennt und separat gezählt. Ein überwiegender Teil geschädigter Bienen lässt die Varroa-Milbe als Ursache vermuten.

Stehengebliebene Brutzellen werden geöffnet und auf Krankheitszeichen geprüft. Der Varroabefall der toten Bienen, die man aus dem Boden oder von den Waben entnimmt, kann mit der Bienenprobe ermittelt werden (siehe Seite 157). Zudem sollte man das Einsenden einer Futterkranzprobe oder, beispielsweise beim Verdacht einer Vergiftung, auch einer Bienenprobe in Erwägung ziehen.

Beute und Rähmchen sollten erst nach einer gründlichen Reinigung und Desinfektion wieder zum Einsatz kommen. Einem Neustart steht dann nichts mehr im Wege und wenn anhand der Totenschau imkerliche Versäumnisse offenbar werden, ist dies nun die Chance, es beim nächsten Mal besser zu machen!

Service

Bienen im WWW

HINTERGRÜNDE

DN 1,5-Magazinimkerei mit Monats-Blog
www.imkberlin.de
Dadant-Erwerbsimkerei mit lesenswerter Broschüre
www.imkerei-schwarz.de
Gute Website zum Imkerwerden
www.die-honigmacher.de
Armbruster Imkerschule mit Monatsbetrachtungen
www.armbruster-imkerschule.de/index.php/monatsbetrachtungen
Verlagswebsite des Deutschen Bienenjournals
www.bienenjournal.de
Verlagswebsite der ADIZ/Die Biene/Imkerfreund
www.bienenundnatur.de
Aktuell zusammenstellbare Messdaten und Bilder aus einem Bienenvolk
www.hobos.de/
www.imkereforum.de
Schweizerische Bienenzeitung
www.bienen.ch/de.html

VEREINE

Deutscher Imkerbund mit Terminkalender
www.deutscherimkerbund.de
Deutscher Berufs- und Erwerbsimkerbund
www.berufsimker.de/

UNIVERSITÄTEN UND LANDESBIENEN-INSTITUTE

Bienen-Institut Hohen-Neuendorf
www.honigbiene.de
Bienen-Institut Celle
www.bieneninstitut.de
Bienenkunde Münster
www.apis-ev.de/
Bienenkunde Meyen mit „Varroa-Wetter“ und „TrachtNet“, Netzwerk aus bundesweit verteilten Bienenstockwagen
www.bienenkunde.rlp.de
Bienen-Institut Kirchhain
www.llh-hessen.de/bildung/bieneninstitut/kirchhain/
Bienenkunde Hohenheim
www.bienenkunde.uni-hohenheim.de/
Bienen-Institut Veitshöchheim
www.lwg.bayern.de/bienen/
Bienenkunde Oberursel
www.institut-fuer-bienenkunde.de
HOBOS – Datenplattform eines Bienenvolkes für Schulungen
www.hobos.de

FAQ

Antworten zu häufig gestellten Fragen finden Sie auf meiner Website unter: www.imkBerlin.de

Buchtipps

Gekeler, W. (2020): Fachkundenachweis Honig: Gewinnung - Verarbeitung - Vermarktung. Verlag Eugen Ulmer, Stuttgart

Kohfink, M.-W. (2010): Bienen halten in der Stadt. Verlag Eugen Ulmer, Stuttgart

Kohfink, M.-W. (2011): Bienenprodukte erfolgreich verkaufen. Verlag Eugen Ulmer, Stuttgart

Pohl, F. (2010): Moderne Imkerpraxis: Völkerpflege und Ablegerbildung. Kosmos Verlag, Stuttgart

Ritter, W. (2021): Bienen gesund erhalten: Krankheiten vorbeugen, erkennen und behandeln. Verlag Eugen Ulmer, Stuttgart

Ritter, W. & Schneider-Ritter, U. (2020): Das Bienenjahr: Imkern nach den 10 Jahreszeiten der Natur. Verlag Eugen Ulmer, Stuttgart

Schroeder, Annette (2012): Gesundes aus Honig, Pollen, Propolis. Verlag Eugen Ulmer, Stuttgart

Seeley, T. D. (2015): Bienendemokratie: Wie Bienen kollektiv entscheiden und was wir davon lernen können. Fischer Taschenbuch Verlag, Frankfurt am Main

Spürgin, A. (2020): Die Honigbiene: Vom Bienenstaat zur Imkerei. Verlag Eugen Ulmer, Stuttgart

Spürgin, A. (2014): Bienenwachs: Gewinnung – Verarbeitung – Produkte. Imker-Praxis. Verlag Eugen Ulmer, Stuttgart

Tautz, J., Heilmann, H. R. (2007): Phänomen Honigbiene. Spektrum Akademischer Verlag, Heidelberg

von Orlow, M. (2017): Die Imkerin. Verlag Eugen Ulmer, Stuttgart

Register

Dank

Viele der vorstehenden Techniken, Methoden, Tipps und Tricks entspringen dem Erfahrungs- und Forschungsschatz zahlreicher Imker und Bienenwissenschaftler, die diese zur Freude aller nicht geheim halten, sondern in Büchern, Imkerzeitschriften und Internetforen unters Volk streuen. Nicht immer ist der wahre Erfinder noch bekannt, aber bei einigen kann ich mich in alphabetischer Reihenfolge für ihre Mitwirkung an diesem Buch bedanken: Peter Alt, Pia Aumeier, Guido Eich, Rolf Frühe, Elke Genersch, Werner Gerdes, Horst Gorny, Wolfgang Jenke, Jens Radtke, Rainer Schwarz, Sebastian und Henry Seifert.

Bildquellen

Daniel Schoenen: Titelfoto
Dr. Melanie von Orlow: Alle restlichen Fotos aus dem Innenteil außer
Peter Alt: S. 146
Wolfgang Jenke: S. 148
Marion Schoening: S. 50, 54, 58, 66, 113, 117, 162

Die Zeichnungen fertigte Helmuth Flubacher, Waiblingen, nach Vorlagen der Autorin.

Hinweis
Anmerkung zur Schreibweise (Gendering) der weiblichen, männlichen und unbestimmten Form: Ausschließlich aufgrund der deutlich besseren Lesbarkeit wird in diesem Werk auf die jeweilige Mehrfachnennung oder Anpassung der Schreibweise bestimmter Bezeichnungen verzichtet. So stehen die Namen der Vertreter verschiedener Fachbereiche (wie Imker etc.) selbstverständlich für alle, die diese Berufe ausüben oder vertreten.

HAFTUNGSAUSSCHLUSS

Die in diesem Buch enthaltenen Empfehlungen und Angaben sind von der Autorin mit größter Sorgfalt zusammengestellt und geprüft worden. Eine Garantie für die Richtigkeit der Angaben kann aber nicht gegeben werden. Autorin und Verlag übernehmen keine Haftung für Schäden und Unfälle. Bitte setzen Sie bei der Anwendung der in diesem Buch enthaltenen Empfehlungen Ihr persönliches Urteilsvermögen ein.
Hinweis: Der Verlag Eugen Ulmer ist nicht verantwortlich für die Inhalte im Buch genannter Webseiten.

Bibliografische Information der Deutschen Nationalbibliothek
Die Deutsche Nationalbibliothek verzeichnet diese Publikation in der Deutschen Nationalbibliografie; detaillierte bibliografische Daten sind im Internet über http://dnb.d-nb.de abrufbar.

Wollgrasweg 41, 70599 Stuttgart (Hohenheim)
E-Mail: info@ulmer.de
Internet: www.ulmer.de
Lektorat: Antje Munk, Jennifer Zajonz
Herstellung: Isabell Scherrieble
Umschlagentwurf: red.sign, Anette Vogt, Stuttgart
Satz: r&p digitale medien, Echterdingen
Druck und Bindung: Pustet GmbH, Regensburg
Printed in Germany

ISBN 978-3-8186-1147-7